人工智能在机械电子设备寿命预测及状态估计领域的应用

刘月峰 著

郑州大学出版社

图书在版编目(CIP)数据

人工智能在机械电子设备寿命预测及状态估计领域的应用 / 刘月峰著. -- 郑州 : 郑州大学出版社, 2024. 12. -- ISBN 978-7-5773-0597-4

Ⅰ. TN802-39

中国国家版本馆 CIP 数据核字第 2024HK5727 号

人工智能在机械电子设备寿命预测及状态估计领域的应用

RENGONG ZHINENG ZAI JIXIE DIANZI SHEBEI SHOUMING YUCE JI ZHUANGTAI GUJI LINGYU DE YINGYONG

策划编辑	祁小冬	封面设计	苏永生
责任编辑	刘永静　袁晨晨	版式设计	苏永生
责任校对	王瑞珈	责任监制	朱亚君

出版发行	郑州大学出版社	地　　址	郑州市大学路 40 号(450052)
出 版 人	卢纪富	网　　址	http://www.zzup.cn
经　　销	全国新华书店	发行电话	0371-66966070
印　　刷	广东虎彩云印刷有限公司		
开　　本	710 mm×1 010 mm　1 / 16		
印　　张	13.5	字　　数	209 千字
版　　次	2024 年 12 月第 1 版	印　　次	2024 年 12 月第 1 次印刷

书　　号	ISBN 978-7-5773-0597-4	定　　价	49.00 元

前言

在信息技术蓬勃发展的进程中，人工智能和深度学习技术的崛起已然成为当今科学研究的核心动力。这些技术通过神经网络的强大计算能力，为众多领域带来了变革，特别是在机械电子设备的状态估计与寿命预测方面。利用其强大的数据处理和模式识别能力，解决了诸多传统技术无法克服的挑战，为工业流程的智能化与高效化提供了全新路径。新兴的人工智能技术不仅助力提升设备的可靠性与安全性，还显著降低了设备的维护成本，延长了电池的使用寿命。本书旨在探索如何利用日新月异的人工智能和深度学习模型，精确地进行设备寿命预测和状态估计。通过一系列实验及理论分析，取得了结合神经网络模型在电子设备寿命预测及状态估计领域的重大进展。本书研究的主要成果及篇章安排如下：

(1)第 1 章定义了深度学习与时间序列分析的基本概念，结合航空发动机与电池剩余寿命预测问题，展示了这些技术在现实应用中的潜力。通过对典型问题的描述，确立了研究的背景和基础，为后续的深入探讨提供了理论支持。

(2)第 2 章提出了一种结合 LSTM 自编码器和 TCN 的先进模型，用于剩余使用寿命(RUL)的高效预测。理论与实验结果均证明，该模型在特征提取与预测精准性上均有显著优势。另外，TrellisNet 模型和 Bi-LSTM 多路径寿命预测模型的开发进一步提升了传感器数据输入的多样性与时间窗设置的灵活性，为复杂设备的状态预测提供了多维度解决方案。

(3)第 3 章致力于电池寿命预测及荷电状态(SOC)估计问题，特别是通过贝叶斯模型平均(BMA)方法，结合多个深度学习模型以提升不确定性表达能力,并显著增强了预测精度。设计的 TCN、U-Net 以及 Informer 模型成功在多温度条件下精确估计 SOC,与此同时,小样本条件下的迁移学习技术提高了模型的适应性,减少了训练所需时间和数据量,开辟了数据缺乏情况下应用深度学习技术的新途径。

(4)第 4 章深入探讨了小样本困境下锂电池状态估计技术,迁移学习与领域自适应策略的实施,提升了模型在不同样本分布下的训练效果。实验结果表明,这些技术不仅提高了模型在小数据集上的准确性,也显著增强了其稳定性和可靠性。

(5)第 5 章聚焦于在计算资源受限条件下的模型优化。通过创新应用知识蒸馏与幅值剪枝技术,复杂模型的参数量和计算复杂度被大大降低,而预测精度得以保持。在现实工业应用中,这意味着在有限资源条件下,依然可以实现高效且精确的预测,为模型在工业界的广泛应用提供了坚实基础。

参与本书编写的有内蒙古科技大学数智产业学院刘月峰、李征和暴祥。其中第 3 章、第 4 章由刘月峰编写,第 1 章、第 5 章由暴祥编写,第 2 章由李征编写,全书由刘月峰统稿。

本书在成稿过程中,得到了许多业内专家、学者的支持和指导。在此,我们深表感谢,并期待本书能够为研究人员提供深刻的启示和实用的指导,推动机械电子设备领域走向更加智能和高效的未来。尽管力求完整,本书的编写仍有不足之处,诚邀各位读者不吝赐教。

作者

2024 年 6 月

目录

第1章 绪论

1.1 深度学习与时间序列预测

深度学习是机器学习研究领域的一种新兴方法,其核心是具有多个隐含层的神经网络。传统的神经网络一般具有三层或四层结构,其中隐含层为一层或两层,随着科学技术及计算机技术的发展,数据量越来越大,结构越来越复杂,特征越来越多,传统的浅层神经网络及其他模型已经不适应时代发展的需求。因此,为了能够更好地对时间序列数据中的复杂结构进行抽象,需要引入深层结构。深层结构是一个模仿人脑的多层次结构,能够发现高维和非线性数据中的复杂结构,并且能够从大量样本中学习到有效的特征。深度学习算法就是一个含有多个隐含层的神经网络,只不过这个神经网络含有许多不同的变体。

深度学习可以追溯到19世纪50年代,其概念来源于人工神经网络的研究。在深度学习的历史中,一个被广泛接受的观点是,人工智能应该从大脑中得到灵感,这个观点导致了术语“神经网络”的产生。为了实现人工智能,研究者必须对大脑有一定的了解。在1959年和1962年,诺贝尔奖获得者Hubel和Wiesel发现了视觉系统的信息处理过程和可视皮层是分级的这一特性[1]。他们从低级的区域提取边缘特征,逐层抽象,一直到最高层,每一层对应于皮质的不同区域,当人类试图解决人工智能中某个特定问题的时候,人们往往会利用自己的直觉来把一个大的问题分解为各种小的问题以及各种层次的表征。哺乳动物处理信息的顺序一般为边缘检测、原始形状,逐渐到更复杂的视觉形状。从以上叙述可以看出,人类大脑在接收外部信号时,是通过一个多层的结构来获取数据的规律。这些关于大脑机制的发现，促进了深度神经网络的产生和使用。1968 年，第一个前馈多层感知机的深度学习系统被群体算法（group method of data handling，GMDH）成功训练[2]，事实上，此时的多层感知机层数仅有两层，其还不能算作一个深度学习系统。虽然深度神经网络能够更好地对人类大脑处理方式进行模仿，但是由于模型训练的困难，深度神经网络一直处于沉寂的状态。直到 1989 年，Lecun 等[3]利用卷积神经网络（convolutional neural network，CNN）在手写数字识别等小规模问题中取得当时世界上最好的结果。这是一个真正意义上的深度神经网络，但是在比较大的数据集上，其训练速度慢且效果不佳。由于深度模型训练的困难，所以在 2006 年之前的几十年，一直是浅层学习模型统领着人工智能的发展。2006 年，加拿大多伦多教授 Hindon 等[4]在《科学》杂志上发表了一篇文章，引进了深度网络和深度学习的概念，使深度学习的热潮席卷了整个学术界和工业界。

国外关于深度学习的研究主要集中在一些大公司及三大科研院校。加拿大多伦多大学的 Geoffrey Hinton 研究组，几十年来一直在进行深层神经网络的研究，目前兼职于微软深度学习研究院；斯坦福大学的 Andrew Y. Ng 研究组，Andrew Y. Ng 教授一直进行深度学习的应用，他创建了世界著名的在线学习网站 Coursera；纽约大学的计算机科学家 Yann LeCun 研究组，Yann LeCun 教授提出了深度卷积神经网络的方法，该方法在自动驾驶和图像识别领域产生了可喜的成果。公司主要有 Google、微软、IBM、Facebook 等，其中 Google 是深度学习领域中最著名的公司，Google 研制的自动驾驶汽车里的很多项技术都用到了深度学习。目前深度学习迅猛发展，众多高校、科研机构、科技公司纷纷投入到深度学习的浪潮中，促进着学术界和工业领域的快速发展。

（1）前馈神经网络

前馈神经网络（feedforward neural network，FNN）实现了具有任意数量的输入和输出的非线性映射，它是应用最简单的神经网络之一。图 1-1 展示了具有多个输入和单个输出并且包含一个隐含层的 FNN 结构。在应用过程中除了结构的设置，还需先验地选择一个非线性激活函数，才能完成相应的估算任务。常见的激活函数有双曲正切函数、整流线性单位（rectified linear unit，ReLU）等。

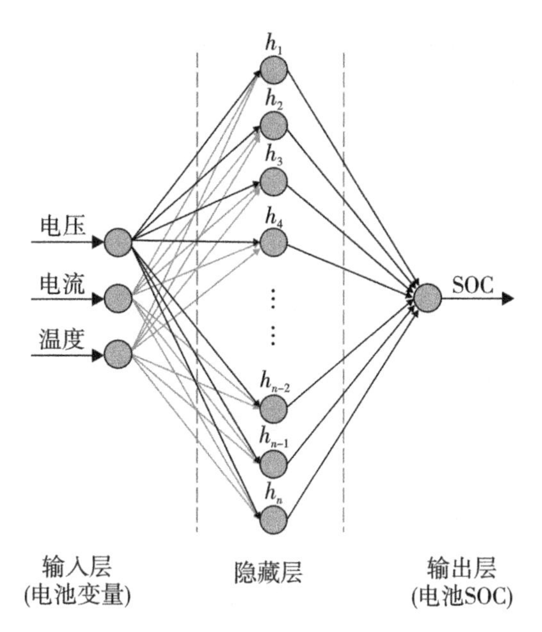

图 1-1　具有多个输入和单个输出的简单的包含一个隐含层感知器 FNN 结构

(2)循环神经网络

循环神经网络(recurrent neural network,RNN)与在层与层之间建立权连接的 FNN 不同,它在层中的神经元之间也建立了权连接,神经元的输出可与同层或上一层的神经元相联系。但传统的 RNN 存在长期依赖问题,即在对长序列数据学习的过程中由于反向传播算法的基本特性会出现梯度消失(gradient vanishing)和梯度爆炸(gradient explosion)的问题,无法掌握长时间跨度的非线性特性。为了解决这个问题,研究人员创建了一些 RNN 的变体,通过优化网络细胞单元内部结构,使其拥有处理长时间序列问题的能力。

常用的循环神经网络有长短期记忆(long-short term memory,LSTM)[5]神经网络和门控循环单元[6](gated recurrent unit,GRU)神经网络,两种循环网络均采用了门结构进行信息的提取及保存,从而解决了梯度消失问题。其中 GRU 又是 LSTM 的改进优化,在不影响估算效果的条件下,缩小了模型结构,加快了训练速度,节省了模型结构内存占用空间。图 1-2 展示了 LSTM 及 GRU 细胞单元结构。其中 LSTM 使用存储记忆单元 c_t 来存储并传输先前和当前状态的信息,而GRU 不使用记忆单元存储信息,引入了重置门和更新门,重置门用于捕获时间序列里的短期依赖关系,更新门用于捕获长期依赖关系,使得系统中参数减少,加速了拟合和反向传播过程中的矩阵计算。

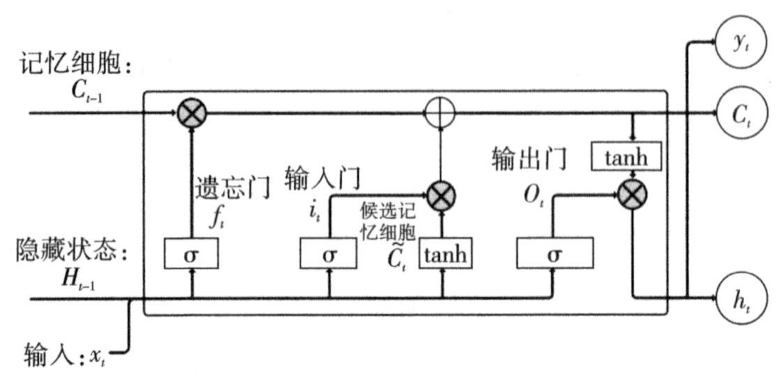

(a)LSTM 细胞单元结构

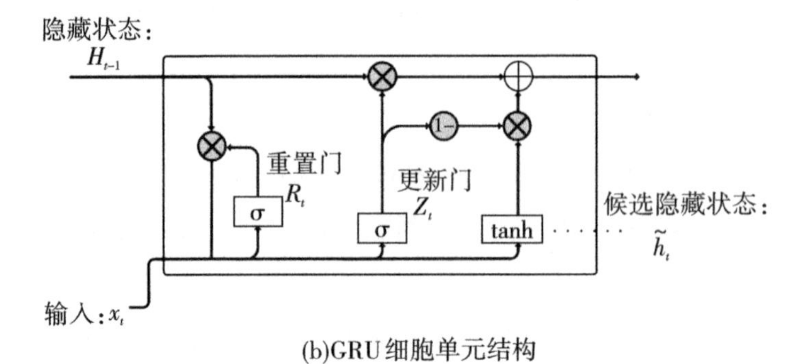

(b)GRU 细胞单元结构

图 1-2 循环神经网络单元结构图

LSTM 的具体计算公式如下:

$$f_t = \text{sigmoid}(U_f h_{t-1} + W_f x_t + b_f) \tag{1-1}$$

$$i_t = \text{sigmoid}(U_i h_{t-1} + W_i x_t + b_i) \tag{1-2}$$

$$\widetilde{c_t} = \tanh(U_c h_{t-1} + W_c x_t + b_c) \tag{1-3}$$

$$o_t = \tanh(U_o h_{t-1} + W_o x_t + b_o) \tag{1-4}$$

$$c_t = f_t \odot c_{t-1} + i_t \odot \widetilde{c_t} \tag{1-5}$$

$$h_t = o_t \odot \tanh(c_t) \tag{1-6}$$

除了门结构的循环神经网络 LSTM、GRU 外,还存在非线性自回归外生输入神经网络(nonlinear autoregressive with exogenous input neural network, NARX-NN),它是非门结构的循环神经网络,其结构如图 1-3 所示。这种结构适用于预测非线性和时间序列问题。

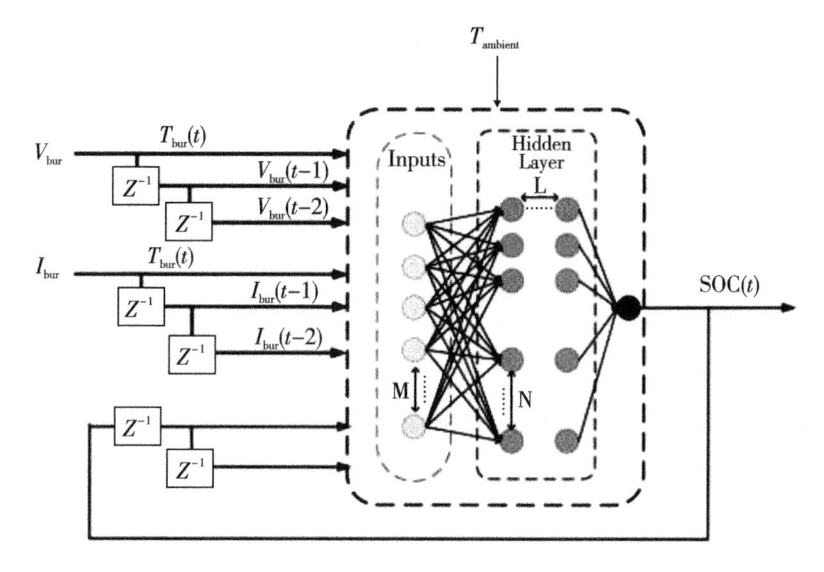

图 1-3 NARX-NN 结构

(3)卷积神经网络

卷积神经网络[7]是近些年来深度学习发展的重要基石,特别是在图像处理领域已经大放异彩。典型的 CNN 通常由输入层、卷积层、池化层、全连接层和输出层组成。通过滤波器的逐层卷积和池化操作提取隐藏在数据中的拓扑特征。近年来,一些研究者也利用卷积神经网络对时间序列数据进行了分析,结果表明,卷积神经网络在时间序列问题上也具有良好的性能。针对电池荷电状态(state of charge, SOC)估算这类时序问题的特性,一般采用一维卷积神经网络结构,如图 1-4 所示。

时间序列预测的任务主要是从大量的具有时间序列性的数据中提取相关规律,再根据已知信息对未来的数据进行估计。这种预测目前已经应用在不同的领域中,如流量预测、交通状况预测、股票趋势分析、疫情流感变化等。时间序列预测可以分为单变量和多变量两种。单变量时间序列预测指

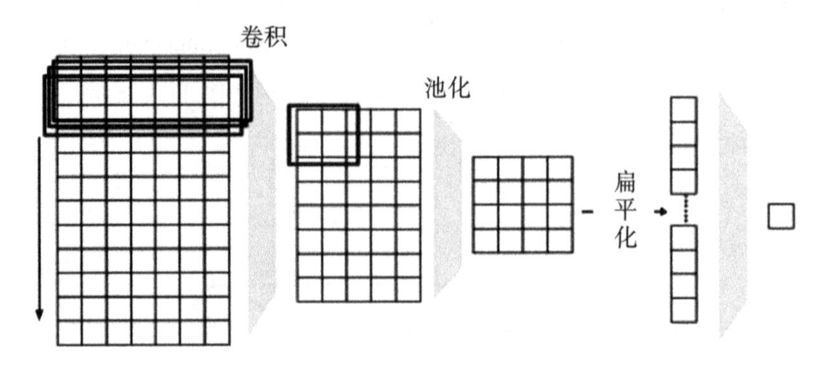

图 1-4 一维卷积神经网络结构图

针对单个变量的历史数据,而多变量时间序列预测则涉及多个随机变量的数据。

近年来深度学习在时序预测领域取得了很好的成果。常用的深度学习模型包括 RNN、LSTM、GRU、注意力机制(attention)等。这些模型通常无须经过复杂的特征工程,只需要经数据预处理、网络结构设计和超参数调整等,即可进行时序预测。深度学习算法能够自动学习大量时序数据中的规律,神经网络涉及隐含层数、神经元数、学习率和激活函数等重要参数,对于复杂的非线性模式,深度学习模型有很好的表达能力。在应用深度学习方法进行时序预测时,需要考虑对数据的合理性、相关性、时间序列性进行评估,选择合适的模型和超参数,在对模型进行训练和测试后,进一步进行模型的调优。

1.2 航空发动机剩余寿命预测

随着技术和科学的迅猛发展,人们已经不再满足于被动地处理问题。近年来,视情维修(condition-based maintenance,CBM)和故障预测与健康管理(prognostics health management,PHM)的概念应运而生。CBM 核心的思想在于根据设备的运行情况进行预警,PHM 在于建立故障诊断,剩余使用寿命预测,维修、维护系统的整体框架,从而大大减少了人力、物力的投入。设备的剩余使用寿命是指从当前状况到设备发生故障所需要的时间[8]。目前PHM已经发展成为航空航天领域系统后勤保障、维护和自主健康管理的重要支撑技术和基础，在《国家中长期科学和技术发展规划纲要(2006—2020年)》中，“重大产品和重大设施寿命预测技术”作为前沿技术被提出[9]。

1.3 电池剩余寿命预测

为了预测电池的剩余使用寿命(remaining useful life,RUL)，必须定义电池的健康状态(state of health,SOH)。电池RUL的预测通常都是建立在电池SOH的识别基础之上的。因此，清晰理解SOH的定义很重要，SOH将是RUL预测模型的主要预测属性。电池的SOH被定义为当前状态的实际容量与其初始状态的额定容量的比值[10]，如式(1-7)所示：

$$\mathrm{SOH}=\frac{C_{\mathrm{act}}}{C_{\mathrm{norm}}} \tag{1-7}$$

式中，C_{act} 和 C_{norm} 分别为实际容量和额定容量。SOH可以描述电池老化和退化的状态。一般当电池容量降低到额定容量的70%～80%时[11]，认为电池已经达到失效状态，不能再继续使用，需要及时更换。

相比SOC，SOH更适合作为RUL预测模型的预测属性。在估计SOH的基础上，我们可以进一步预测电池的RUL。锂离子电池的RUL是指从当前时刻到电池的寿命终止时刻(end of life,EOL)的剩余时间(充放电周期或循环次数)[13]。锂离子电池RUL的基本概念如图1-5所示。其中，横轴代表充放电周期(循环充放电的次数)，单位是周期；纵轴代表电池的容量，单位是安·时(A·h)。锂离子电池最初的容量称为额定容量，随着使用过程中不断地循环充放电，锂离子电池的实际容量会逐渐退化，一般认为当实际容量退化到额定容量的70%(或者80%)的时候，锂离子电池的实际容量达到了失效阈值，从当前时刻到实际容量达到失效阈值所经历的充放电周期(循环次数)就是电池的RUL。锂离子电池的RUL预测就是指利用当前时刻之前的历史容量退化数据，学习并建立一个容量退化趋势模型，通过学习到的模型，我们可以从当前时刻开始逐渐外推未来时刻的容量，直到预测的电池容量达到失效阈值为止，这个容量外推过程所经历的充放电周期(循环次数)就是预测的 RUL。

图 1-5 中的容量退化曲线相对平滑且单调递减，是一种理想的退化过程。而真实的容量退化过程要复杂得多，因为电池静置一段时间后会有容量回升的现象，并非单调递减，而且，早期的容量退化缓慢，后期退化逐渐加速，总体上是一个非线性并且存在波动的退化过程，这就给 RUL 预测增加了难度，而且容量越大，循环充放电周期越长，RUL 预测的难度就越大。接下来分别对两个真实的锂离子电池退化数据集进行分析，一个来自美国 NASA 卓越故障预测研究中心(Prognostics Center of Excellence，PCoE)，另一个来自马里兰大学先进寿命周期工程中心(Center for Advanced Life Cycle Engineering，CALCE)，这两个数据集是本领域普遍应用的两个数据集，得到了众多研究人员的广泛认可。

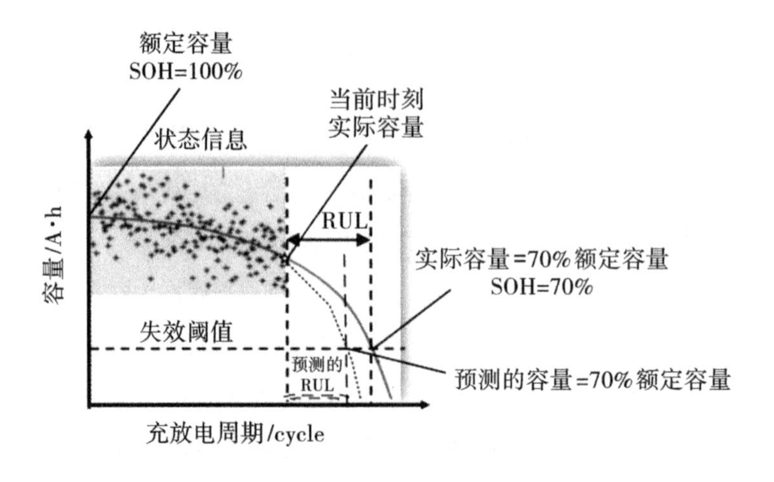

图 1-5 电池 RUL 预测的基本思想

1.4 电池状态估计

在电动汽车中，通过电池管理系统(battery management system，BMS)对电池的充放电过程进行监测和控制，可以确保电池内部能量的安全以及最佳地使用，为汽车能量管理系统提供准确的电池状态信息[14-15]。在 BMS 监控的电池状态信息中,荷电状态表示电池的剩余可用电量,用于衡量电动汽车的剩余行驶里程。电池的SOC定义为当前剩余电量占最大可用容量的百分比,揭示了电池可以放出的电量这一重要指标,公式如下:

$$SOC = \frac{Q_{current}}{Q_{initial}} \times 100\% \tag{1-8}$$

式中,$Q_{current}$ 为电池当前剩余的电量;$Q_{initial}$ 为电池的最大可用容量,A·h。SOC的取值范围为0~1,当SOC=0时表示电池放电完全;当SOC=1时表示电池完全充满。

电池估算(state of energy,SOE),又称电池剩余能量估计,描述的是电池当前可用能量与最大可使用能量的比率,是整车能量管理、分配、控制的重要参考信息,能更有效地反映电池当前时刻及之前充放电工况的影响,更适合对续航参数(例如,电动汽车续驶里程)进行预测来缓解驾驶员的里程焦虑。此外,准确得知SOE的值能够方便BMS制定更合理的能量控制策略,优化电动汽车能量控制的性能,从而增大电动汽车的续驶里程,提高电池能量利用效率,对提高电动汽车的经济性具有重要意义。

$$SOE = \frac{E_{now}}{E_{max}} \times 100\% \tag{1-9}$$

式中,E_{now}为电池当前可用能量;E_{max}为电池最大可使用能量,A·h。

1.5　本章小结

在本章中,我们针对深度学习和时间序列问题给出了简单的定义,同时针对现实生活中的时间序列预测问题进行了简单的描述,如航空发动机剩余寿命预测、电池剩余寿命预测和电池状态估计,希望读者可以对我们接下来讲述的问题有一个简单的了解。

第2章 面向航空发动机的深度学习剩余寿命预测方法

2.1 剩余寿命预测的意义及现状分析

航空业正处于当今时代发展前沿，这对飞机相应系统各项性能提出了更高的要求，使得航空技术必须紧跟时代潮流，满足各项业务需求。通过加大安全排查力度，保证乘客安全出行。飞机系统的可靠性排查单纯依赖人工检测维修，即定期维护或事后维护已经很难满足当下需求，由于人工仅凭借经验和感官去检查大批量设备很容易忽视故障，并且关键核心区域由于设备结构复杂，很难用经验来衡量其健康状况，而停机检测会更浪费人力、物力以及财力。因此，升级飞机系统检测方式势在必行。飞机系统包含很多重要零部件，其中最为突出的是航空发动机，其被喻为飞机的“心脏”，对于飞机的重要性可想而知，所以航空发动机的安全性检测成了关键任务。因为其本身结构比较复杂，涉及许多零部件，运行环境较为多变，并且工作环境恶劣，一般处于高温和高压之下，需要承受高负荷，导致其容易出现故障，及时发现异常并检测其健康状况变得异常紧迫。由于科技手段不断发展，人们发明了故障预测与健康管理系统[16]，使得故障检测由先前的故障后维修转为提前维修，能够实现对设备的实时运行情况进行监测并在即将发生故障前给予相应的警告，这样可以在较短的时间内了解设备当前运行状况，极大地提高了设备安全检测效率，对于保障和及时维护航空发动机的安全做出了巨大的贡献。国外最先将该技术应用于实际设备检测并验证了该系统的有效性，这预示着维护检测技术达到了更高的发展水平。以保护航空发动机安全性为首要目标，首先通过传感器动态监测获取发动机的实时状态信息，选用合适算法并构建基本模型来对发动机的状态进行监测；其次通过模型分析设备当前是否处于正常工作状态,通过提供设备预测信息了解其剩余寿命,最终能够为地面维修人员提供维修依据,及时的信息反馈可以保证设备在处于故障之前就被发现并处理,防止事故发生带来严重的后果。剩余使用寿命[17]是 PHM 系统中最为重要的一环,提供的 RUL 越准确,越可以保障 PHM 系统的有效实施。当前我国已经开始重视 RUL 技术的发展,近些年在稳步推进中不断发展壮大,但是与其他发达国家相比,我国对这一领域的研究起步较晚,关键核心技术的掌握仍然受限,这在很大程度上会限制 PHM 系统的功效,所以对于 RUL 的技术研究成了当前需要重点突破的难点,这引来不少学者的研究兴趣。想要在技术层面上获得重大突破,就必须了解目前领域内的研究现状。当前,不少学者将机器学习相关技术应用于 RUL 预测,如支持向量机(support vector machine,SVM)[18]、极限学习机(extreme learning machine,ELM)[19]等,利用这些方法明显可以帮助 PHM 系统获得较为准确的 RUL,但是这些方法存在较大的局限性,针对简单的设备其可以获得不错的预测准确性。由于设备的复杂程度日渐提高,需要从大量的高维、非线性监测数据中挖掘有用信息,建立映射关系,分析设备的健康状况,这对于预测技术的要求越来越高,传统方法可使使用范围不断被缩小,这使得研究人员必须发明出新的可以满足发展需求的方法,于是在机器学习基础上延伸出了深度学习方法。这类方法可以直接构建网络模型自动学习高维数据特征,通过模型能够建立映射数据关系并做出最终 RUL 预测。由于这类方法不需要依靠专家知识来提取特征,因此目前已经被广泛应用于不同领域,如自然语言处理、图像识别等,在各领域内均获得了不俗的表现,充分证明了深度学习方法的有效性。在本领域应用最为广泛的一类是循环神经网络[20]及其衍生网络,已经被学者证明其处理时间序列数据存在一定的优势,取得了不错的预测效果;另一类广泛使用的网络是卷积神经网络,对于设备的状态预测有不错的效果。由于新网络的提出速度远比不上学者的应用速度,如何在现有网络基础上做出新的实践创新是大部分研究者的难题,为了挣脱新网络更新速度较慢的束缚,不少学者已经开始尝试将现有网络进行合理组合,构建成新的网络框架来应用于航空发动机 RUL 预测,希望可以在新的组合中获得更好的预测效果。

RUL 预测对于维护飞机运行安全具有重要意义,它不仅可以反映设备的当前状态,还可以预测设备未来何时可能出现故障,有效提高了设备运行的可靠性。通过传感器监测整个发动机系统,实时掌握各部件 RUL,对即将发生危险的设备及时安排专业人员进行排查和维修,专业人员根据提示寻找设备故障方位,可以快速做出相应的维修策略,保障飞机的运行安全。通过数据了解设备当前性能及 RUL,这可以提前制订合理的维修计划,在不需要停机的情况下,也可以保障飞机的飞行安全,启动维修策略时"对症下药",提升专业人员的维修效率。对于飞机运营方既能够节约维修设备时间,又可以降低设备故障维护成本,缩减了航空业在维修方面的财政支出。资料显示,之前我国花费在飞机维修上的资金超过总体费用支出的一半,准确的 RUL 预测在现实生活中有较大的市场需求,为航空业带来的好处不言而喻。为了进一步了解设备潜在的故障状态,不少学者已经通过监测数据对发动机做出状态预测的相关研究,相关工作人员根据预测结果可以实现对设备的提前维修处理,这极大地提高了维修人员的工作效率,避免事后维修带来巨大经济损失和人员伤亡。与过去相比,这种方法有效降低了飞机的故障发生率。因此,在本领域内提供准确的 RUL 预测对于实际的应用场景和科研技术的发展有较大的意义。

目前,根据领域内 RUL 预测方法的差异,这些方法可大致分为三类:使用物理模型预测方法[21]、数据驱动预测方法[22]以及两者混合使用的预测方法[23]。随着设备的复杂程度不断提升,使用物理模型预测方法的难度也不断加大,其已经进入了行业瓶颈期,两者混合的方法拥有两种方法各自的优缺点,想要既利用优点又克服缺点是一大挑战。因此,数据驱动预测方法脱颖而出,既满足了预测准确性的要求,也符合可操作性的要求。由于传感器技术的不断提升,其能够为模型提供更多状态监测数据,也为数据驱动预测方法的进一步发展提供了原动力。数据驱动预测方法主要依靠传感器收集的设备状态监测数据来训练模型,经过训练的模型用于预测设备 RUL,原始数据的可靠性直接影响模型的预测性能,所以数据驱动预测方法受到不少学者的关注。

利用物理模型进行 RUL 预测的方法需要相关行业专家对设备和系统具

体运行机制进行详细调查研究之后,再通过自己的经验和设备当前运行状态构建一个物理模型,对设备进行 RUL 预测。专家需要预先了解设备的详细运行情况并依据这些信息构建出与系统高度拟合的物理模型,这种方法也被不少研究者所关注,目前已经被应用于不同的研究领域。

袁善虎等[24]通过能量参数来预测设备缺口的疲劳寿命,他们发现利用能量参数能够确定缺口退化的临界区域,并且通过实验发现能量参数与缺口的疲劳寿命呈线性相关。杜党波等[25]提出使用相空间轨迹相似性用于预测共载系统 RUL,通过相空间重构建立系统退化模型来获取当前设备退化情况。Rezamand 等[26]提出了一种基于信号处理和自适应贝叶斯算法的综合预测方法,用于预测风力发电机各种故障轴承的 RUL。Singleton 等[27]通过使用扩展的卡尔曼滤波(extended Kalman filtering,EKF)模型来进一步预测轴承 RUL。Soualhi 等[28]将希尔伯特-黄变换(Hilbert Huang transform,HHT)[29]和 SVM 结合起来预测轴承的 RUL。许先鑫等[30]提出利用 Copula 相似性来预测航空发动机 RUL,实验结果发现,同传统方法相比,该方法能够获得较高的预测精度。Swanson 等[31]运用卡尔曼滤波方法来模拟钢带的裂纹增长,通过钢带的频率状态来获取剩余寿命使用值;利用扩展卡尔曼滤波器和无迹 KF 来模拟非线性退化过程,以获得更为真实的寿命预测值。白华军等[32]利用 Gamma 分布函数预测气门导管 RUL,获得了较高的预测效果。赵洪利等[33]提出将随机森林与遗传算法结合用于 RUL 预测,结果表明这样的组合方法确实可以提高 RUL 的预测结果。李彦梅等[34]提出使用双高斯模型来对锂电池整体退化过程进行直观描述,可以较为准确地显示电池 RUL。Xu 等[35]通过建立维纳过程模型来预测锂电池 RUL,结果显示此模型能够较为准确地预测 RUL。刘琼等[36]将梯度提升决策树[37]与网格搜索算法组合成新的 RUL 预测模型,作用于锂电池 RUL 预测显示出不错的效果。吴菲等[38]提出将粒子滤波与高斯过程组合成新的模型结构来预测电池的 RUL,获得了较为准确的预测结果。张江民等[39]提出利用密度核估计方法直接来获取数据的实时状况,这种方法能更加直观地了解当前设备的 RUL。韩威等[40]提出将 PCA 结合威布尔分布组成新的模型来预测轴承 RUL,通过与其他方法比较发现,这样的组合方式能够获得更为准确的预测结果。

基于物理的模型主要是依据系统的物理特性来了解系统的健康状况。如果对模型的物理特征足够了解,建立物理模型获得的预测效果往往明显优于其他方法。此外,该方法可以直接反映设备当前的运行情况。虽然一些学者的研究结果已经表明基于物理方法在RUL预测领域存在出色和令人信服的性能,但仍存在一些不足,如由于缺乏对系统操作环境以及所有故障模式的完全理解,构建的物理模型可能难以准确反映设备的健康状况。基于物理的模型可能无法用于复杂的系统,并且模型参数的选取需要开展大量的实验。一个基于物理的模型通常是对照相应系统单独建立的,一个模型很难迁移至其他设备,即可移植性较差,专家经过不懈努力设计出的模型,其使用范围受限,一旦该系统不再被使用,意味着这个模型的功能也就不复存在。此类方法需要依靠专家知识手工制作特征,专家经验会直接影响提取的特征能否有效地反映设备的退化情况,并且特征提取同模型构建是分别进行的,这可能会导致模型无法自适应地挖掘基于目标的退化特征,这些因素都会影响模型的性能和效果。

当前,利用数据驱动提出的方法既可以应用于复杂的动力学系统进行状态预测,同时也能对较为简单的设备进行健康情况预测。通过所构建的模型自动学习传感器状态监测数据,能够对设备的运行情况做出较为准确的预测。因此,数据驱动是现阶段备受学者关注的方法,不少研究者将其运用于航空发动机RUL预测领域。数据驱动结合深度学习方法能够有效避免人为因素的干扰,模型不需要依靠专家知识来提取特征,它可以自动学习数据特征,并且随着传感器技术的不断发展,反映设备状态的监测数据被大量收集,为此类方法的使用提供了坚实的基础。其中,CNN[41]、RNN变体网络作为当下流行的深度学习网络已经被应用于各个领域,这些方法在RUL预测领域已经取得了不俗的成绩。由于CNN拥有较强的提取空间特征的能力,马忠等[42]将CNN网络应用于航空发动机RUL预测领域,该网络获得了不错的预测性能。而RNN的变体网络由于其拥有记忆细胞,能够获取序列信息的时间相关性,在本领域由于数据之间具有较强的时间相关性,因此,RNN的变体网络可以充分发挥其优势。其中,包括长短期记忆网络(long short-term memory networks,LSTMN)[43]、门控循环单元(bidirectional gated recurrent unit,BGRU)[44]、Bi-LSTM[45]等,这些变体网络近年来被广泛应用于各个领域。张少宇等[46]利用GRU预测锂电池当前的健康状况,获得了不错的预测表现。宋亚等[47]通过使用自编码网络结合Bi-LSTM共同用于航空发动机RUL预测。利用自编码网络初步处理数据,不仅可以提取、压缩数据信息,还可以降低模型计算复杂性,处理数据传入Bi-LSTM能够获取数据特征的时间依赖关系,经过实验发现这样的处理方法可以提高RUL预测的准确性。虽然经过自编码网络处理后的数据特征压缩了,但由于Bi-LSTM本身结构相对较为复杂,模型体量反而增加了。Wu等[48]提出将Vanilla-LSTM模型应用于发动机RUL预测领域,相较于LSTM和RNN,该方法的预测精度有较大幅度提升,但仍有一定的提升空间,其与近几年新提出的预测方法还存在一些差距。为了实现更高的预测效果,一些学者开始尝试搭建新的模型框架。Al-Dulaimi等[49]将包含LSTM的路径与包含CNN的路径结合起来共同提取特征,提取数据经过融合后获得RUL预测结果。首先把数据分别传输至CNN和LSTM两条并行网络,网络各自提取数据特征,其次将两者的提取特征融合后作为全连接网络输入数据,最后获取RUL预测结果。Liu等[50]使用BGRU的同时将注意机制引入其中,组成多条并行路径来预测RUL。数据特征分别传输给多条并行路径网络,数据经过BGRU处理后输入注意力机制进行特征加权,构建的网络结构获得了不错的预测结果。Hong等[51]将一维卷积神经网络、LSTM和Bi-LSTM串行结合用于RUL预测,首先将数据输入1D-CNN提取空间特征,其次获取特征传入LSTM提取特征时间相关性,最后经过Bi-LSTM获取数据间的双向时间相关性,该方法得到了不错的实验结果,但由于数据的传输过程是串行的,增加了模型的训练时间。MO等[52]构建了CNN并行网络,原始数据传入并行路径提取特征,获得的数据融合后再作为LSTM的输入进一步学习数据的关联性,这样的组合方式获得了较高的RUL预测准确性,但是由于所建模型架构中包含LSTM等复杂模型,需要提供更多的计算资源才可以实现这样的预测效果。Peng等[53]先利用CNN与LSTM形成两条并行路径,输入数据分别传入两条路径提取特征,获取的数据经过特征融合后再传入CNN,让CNN再次提取特征,搭建这样的网络结构确实获得了较好的预测结果,提升了RUL预测准确性。

从以上研究可以看出，利用数据驱动的预测方法在RUL预测领域获得了不错的实验效果，在本领域中仍然具有很大的可开发性，不少学者依旧将目光聚焦于这种预测方法，因此，本书的研究也是基于此类方法开展并探寻新的突破点。

考虑到基于模型的方法[21]和数据驱动的方法[22]各有优势，所以很多学者开始把目光转向两种方法的叠加来构建新的模型，期待组合模型发挥两种方法的优势以获得更优的预测效果。已有研究成果发现，使用这种混合方法在很多领域被证实是大有可为的，预测准确度实现了较大提升。总而言之，利用混合模型进行RUL预测被证实是非常有效的方法之一。马鸣风等[54]将RF同注意力机制结合使用帮助训练深度门控循环单元(deep gated recurrent rnits, DGRU)，以达到更好的RUL预测结果。于彬鹏[55]提出将LSTM与粒子滤波相结合用于预测锂电池的RUL，结果显示这样的组合方式确实有利于提高模型预测精度。Qu等[56]使用LSTM作为主体网络，加入注意力机制进一步优化网络性能，与其他方法不同的是，利用粒子群探寻超参数，最终发现该方法获得的锂电池RUL预测准确性有所提高。张其霄等[57]利用贝叶斯方法帮助LSTM寻找最优超参数，以获取更好的预测结果。Zhang等[58]实现了粒子滤波算法和指数预测模型相结合用于预测RUL，最终这种组合方式也取得了良好的效果。Cai等[59]利用自回归与粒子滤波共同组成新的模型预测锂电池RUL，实验获得了较好的预测效果。丁显等[60]将维纳过程同粒子滤波相结合用于预测轴承的RUL，发现这样的组合方式获得了不错的结果。Song等[61]利用RVM方法并且结合KF方法一同来预测电池RUL，由于RVM自身对于短期数据有不错的预测性能，但对于长期预测存在一定的短板，因此将KF加入其中，实现结果显示RVM的预测性能有所提升。刘芊彤等[62]将变分模态分解与GRU网络结合使用作为发动机的RUL预测模型。邢子轩等[63]将小波分解和GRU模型组合应用于锂电池RUL预测，同行业内其他方法相比，该方法获得了更好的预测效果。臧传涛等[64]将LSTM结合黏菌算法组成新的模型应用于轴承RUL预测，获得不错的预测精度。Dong等[65]提出使用SVM-PF算法监测电池健康状况，该模型能够预测电池的RUL值，可以将RUL概率分布更新到电池寿命结束时期,结果表明,该方法拥有更好的 RUL 预测能力。Zhao 等[66]利用集成方法将 Transformer 模型同 RF 混合成新的模型,对芯片的 RUL 进行预测。Ren 等[67]通过 AE 提取电池的退化特征,提取特征并将特征输入 DNN 进行 RUL 估计,实验显示这种组合方式明显优于单一模型的 RUL 预测效果。Ge 等[68]将 PF 方法和 LSTM 组合成新的模型,发现该模型能够较为准确地预测发动机 RUL。Peng 等[69]利用小波去噪法处理原始数据以达到降噪的目的,混合高斯函数负责对电池 RUL 进行预测,通过结果比较发现此方法获得的预测结果具有较高的准确性和稳定性。Laayouj 等[70]将残差网络与 PF 结合使用应用于电池 RUL 预测,通过实验证实了该方法具有较大的竞争力。Zhang 等[71]使用 RVM 提取特征用于帮助重构模型,PF 负责更新模型参数,最终获得的模型再预测 RUL,可以发现在减少时间的同时预测精度也有一定提升,具有较高的参考价值。姚仁[72]通过将经验模态分解与 Bi-LSTM 模型一起作用于轴承 RUL 预测,获得了较好的实验结果。

目前在 RUL 预测领域,基于混合模型的预测效果具有一定的竞争力,研究人员对这类方法的关注度也颇高,但是想要突破这类方法的瓶颈,即想要同时利用两种方法的优势且规避其缺点依然存在较大的挑战,需要研究者进一步的探索。

2.2　健康指标和健康阶段

目前,国际上深度学习的研究发展迅猛,国内开展相关研究时间不长,与国际先进水平还有差距。近些年,深度学习凭借它们强大的特征提取能力和函数表征能力,逐渐在故障诊断和时间序列预测领域崭露头角。对于基于深度学习的故障预测来说,我们研究的是对发动机设备的 RUL 的预测,其中在机械轴承的故障预测领域,大致分为这样的几个步骤:最基本的是健康指标(health indicator,HI)的构建问题,然后是对健康阶段的划分,最后是对 RUL 预测的问题。其中最基础的就是健康指标的构建问题,健康指标的好坏往往能够决定最后 RUL 和故障诊断的准确度。所以,对健康指标的构建问题就成了 RUL 预测领域的一个首要的问题。同样,对健康指标和健康阶段进行一定的了解可能会对本课题的深入研究提供很大的帮助。

对于健康指标的构建问题,国内外很多专家和教授都有深入的研究。Zhu 等[73]提出的是通过小波变换(wavelet transform,WT)获得包含了大量信息的时频表示(time-frequency representation,TFR),然后使用双线性插值的方法进行降维,把得到的结果输入到新提出的多尺度卷积网络(MSCNN)中,通过与 RNN、SOM 和 SVR 构建的 HI 对比,表明本书提出的 HI 具有优势。Zhang 等[74]提出了一种基于模型的机械 RUL 预测方法。这种方法构建了一个名为加权最小量化误差(WMQE)的新健康指标,它融合了多个特征之间的信息并与机械的退化过程相关。Guo 等[75]提出了一个新的健康指标,即基于 RNN 的 HI,提出了一种新的特征提取方法——相关相似性度量(RS),这种方法将具有分集范围的经典时域和频域特征映射到从 0 到 1 的一些 RS 特征,接着选择最敏感的特征,最后将这些选定的特征馈入 RNN 以构建 RNN-HI。Ren 等[76]提出了一种用于多轴承剩余使用寿命协同预测的集成深度学习方法,在频域特征中使用了一个新定义的特征:频谱分割求和(FSPS),在时域特征中选取了最经典的 RMS、波峰因素和峰度。Ren 等[77]提出的特征向量,即时频-小波联合特征,可以有效全面地表示轴承退化过程。基于深度自动编码器的联合特征压缩和计算方法可以在不增加 DNN 规模的情况下保留有效信息。Ren 等[78]提出了一种新的特征向量 Spectrum Principal Energy Vector,该特征向量可以表示轴承振动信号随使用时间的衰减,适用于卷积神经网络的结构。Zhang 等[79]提出了一个新的无量纲的健康指标——波形熵(waveform entropy,WFE),无量纲指的是 HI 只与机器的状态有关,对负载条件的变化不敏感。

RUL 估计在退化阶段实施,因为机器通常处于正常操作状态。因此,如何区分健康状态何时从正常状态变为退化状态,是 RUL 估计过程中的另一个核心问题。换句话说,第一个过程是用适当的方法确定初始退化点(initial degenerate point,IDP)。在这方面,研究人员在已发表的文献中提出了一些解决方案。Wang 等[80]将 3σ 标准与原始健康状态的马哈拉诺比斯距离相结合,以确定 IDP。Qian 等[81]应用切比雪夫不等式理论和递归图熵特征来设置异常警报阈值以执行 IDP 检测,并且还通过切比雪夫不等式评估 IDP。

Yu[82]从正态数据集训练的高斯混合模型中提取负对数似然概率,并用核密度估计方法定义其异常报警阈值,以确定 IDP。在健康指标的构建和健康阶段的划分的领域,国内四川大学的苗强教授以及西安交通大学的雷亚国教授在相关的论文中进行了详细的阐述,对健康指标的构建发展和健康阶段的划分进一步做出了清晰的梳理,而且提出了自己见解以及对未来发展方向的预测,对本领域的发展做出了可观的贡献。Wang 等[83]具体地对健康指标进行了阐述,其中应用领域限制在轴承和齿轮,对基于机械信号的、基于模型的、基于机器学习的健康指标进行了详细的列举,对现在的 RUL 和健康指标的创建提出了建议和对未来的方向提出了自己的见解。Lei 等[84]第一次详细地阐述了从数据采集到 RUL 预测的整个过程,对常见的数据集进行了详细的说明,对健康指标和健康阶段的划分以及其评价做出了详细的解释,最后对现在故障诊断和预测领域存在的问题和机遇提出了建议和期望。上述的这些工作对健康指标的构建和健康阶段的划分做出了巨大的贡献。

2.3　基于 LSTM 和 TCN 的剩余寿命预测模型

2.3.1　总体框架

剩余使用寿命预测任务的目标是将实验数据划分成时序数据后,经过数据的预处理或数据特征的抽取,最后所提出的模型返回对应的剩余使用寿命的预测值。本章提出的模型的总体流程如下:首先,将划分好的时序数据作为所提出模型的输入,即使用时间窗口技术先将实验数据进行划分,得到时序数据,然后将数据进行预处理后输入到基于 LSTM 的自编码器中,完成数据的特征抽取任务,最后将上述的结果输入到时域卷积网络(temporal convolutional network,TCN)中,得到剩余使用寿命的预测值。在训练过程中,通过不断地对比剩余使用寿命的真实值和预测值,调整模型的超参数,得到较优的模型,最终达到在测试集上剩余使用寿命预测获得优秀的效果。

2.3.2 整体模型的理论介绍

本节我们将从理论角度详细介绍所提出的基于LSTM的自编码器和TCN结合的剩余使用寿命预测模型。它的基本模型结构如图2-1所示,在训练的部分主要分为两大部分,分别是数据的处理和预测模型的训练。其中数据的处理部分包含数据的归一化、利用基于LSTM的自编码器进行数据抽取两部分。预测模型部分主要为TCN结构,包含因果卷积、扩张卷积、残差连接等部分。

图2-1 所提出模型整体结构

在数据处理的部分,首先要进行数据的归一化操作。其中,输入的序列由式(2-1)~式(2-4)给出:

$$X = [x_1, x_2, \cdots, x_{t+1}, \cdots, x_T] \in R^{T\times S} \tag{2-1}$$

$$x_t = [x_t^1, x_t^2, \cdots, x_t^S] \in R^{1\times S}, t \in [1, T] \tag{2-2}$$

$$x^s = [x_1^s, x_2^s, \cdots, x_T^s] \in R^{T\times 1}, s \in [1, S] \tag{2-3}$$

$$X_t = [x_t, x_{t+1}, \cdots, x_{t+n-1}] \in R^{n\times S}, t \in [0, T+1-n] \tag{2-4}$$

式中,X为拥有T长度的具有S个特征的数据集;x_t为在t时刻拥有S个特征的一条数据;x^s为包含第S个特征的所有数据;X_t为经过时间窗口处理截取的一条数据,与x_t的区别在于x_t的序列长度为1,X_t的序列长度为n,为了提取具有长期依赖的序列数据的隐藏信息,我们一般将序列的长度从1提升到n,这样做能够更有效地提取原始数据中的信息。最后,我们将X_t进行叠加截取,最后得到需要的序列数据。数据量纲是我们必须要考虑的问题之一,因为选取的数据特征有着不一样的变化范围,不同特征之间的变化范围差距很大,如果我们直接将原始数据输入到模型中,会降低我们模型的学习和拟合的速度,因此我们采用min-max归一化的方法对数据进行统一量纲,下面为具体的公式:

$$x^{S'} = \frac{x^S - x_{\min}^S}{x_{\max}^S - x_{\min}^S} \tag{2-5}$$

式中,$x_{\min}^S$和$x_{\max}^S$为第S个特征中的最小值和最大值;$x^{S'}$为经过归一化

后的包含第 S 个特征的所有数据。

接着,我们将经过 min-max 归一化的数据通过图 2-2 中的时间窗口(time windows,TW)技术进行处理。

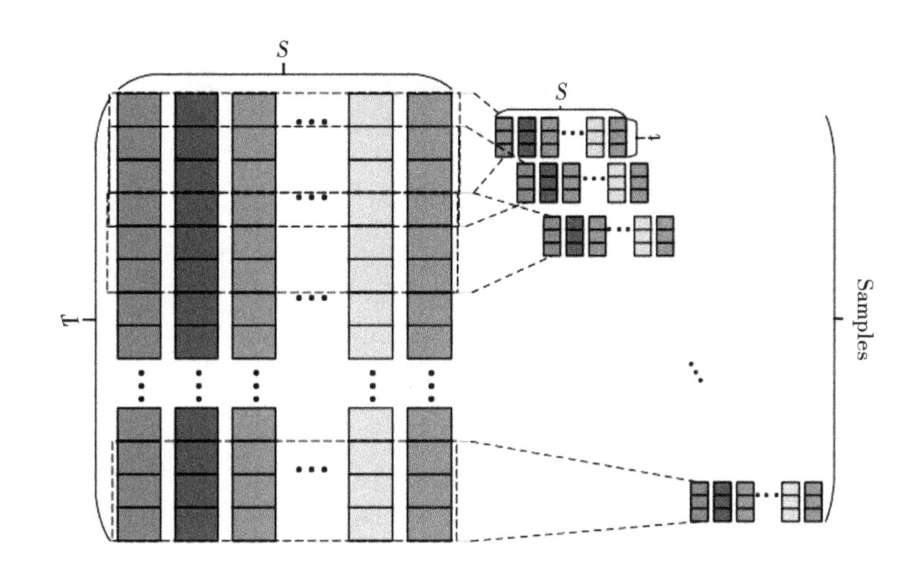

图 2-2　时间窗口技术

其中,原始的经过归一化的数据的格式为(T,S),T 代表总的长度,S 代表特征的个数,经过 TW 技术处理后,我们得到了 Samples 个(t,S)样本,其中 t 代表所选取的时间步,从而得到了(Samples,t,S)这样的数据形式,即叠加 X_t 后得到的结果,其中 t 属于(0,Samples)。

如图 2-3 所示,我们将介绍基于 LSTM 自编码器中的编码输出过程。

X 经过时间窗口处理被输入到编码器中,输出 h_t 可以由式(2-1)~式(2-5)得到,接着 h_t 输入到 LSTM 中,$h^{t'}$ 经过上述等式可以得到,经过最后的一层全连接层:

$$x = wh^{t'} + b \tag{2-6}$$

式中,w 为权重;b 为偏置;x 为经过数据处理步骤后得到的数据。

TCN 最早是由 Bai 等[85]提出的,TCN 模型作为剩余使用寿命预测的重要模块,有三大重要组成部分,分别为因果卷积、扩张卷积和残差连接。接下来我们将详细介绍各个部分。

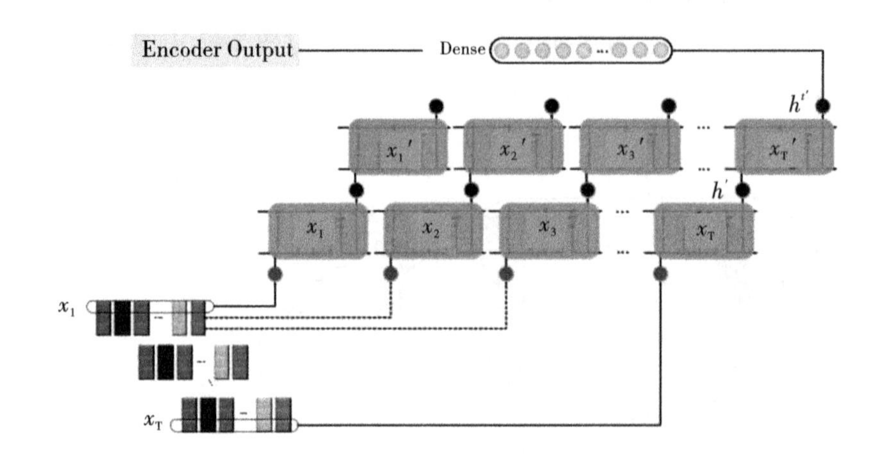

图 2-3 基于 LSTM 自编码器的编码器部分

(1)因果卷积

简单地说,TCN=一维全卷积(1D fully convolutional network,1D-FCN)+casual convolutions,一维全卷积的思想在于通过使用零填充使得每一层隐层输出序列的长度和输入序列的长度保持一致。因果卷积的主要思想在于在 t 时刻的输出结果只和 t 时刻之前的输入有关系,这也就避免了未来信息的泄露,也避免了预测的结果受未来信息的影响。但是存在着一个问题:如果我们输入的序列的长度很大,我们就需要通过增加网络的层数来扩大感受野,为了能够降低网络的复杂程度,引出了扩张卷积。

(2)扩张卷积

现有给定的输入序列 X_t ,滤波器 $\{0,\cdots,k-1\}$,扩张卷积 F 在 x_t^s 上的定义为

$$F(x_t^s)=\sum_{i=0}^{k-1}f(i)\cdot x_{t-d\cdot i}^s \tag{2-7}$$

式中,d 为扩张因子;k 为滤波器的大小;$t-d\cdot i$ 为过去的方向,广义来讲,当 $d=1$ 时,扩张卷积就为最普通的卷积。此外,通过更大的 k 和 d 能够增加感受野的大小,图 2-4 为扩张卷积的示意图,使用扩张卷积的每一层的有效的感受野大小为$(k-1)d$,其中 $d=2,k=2$,dilation=[1,2,4]。

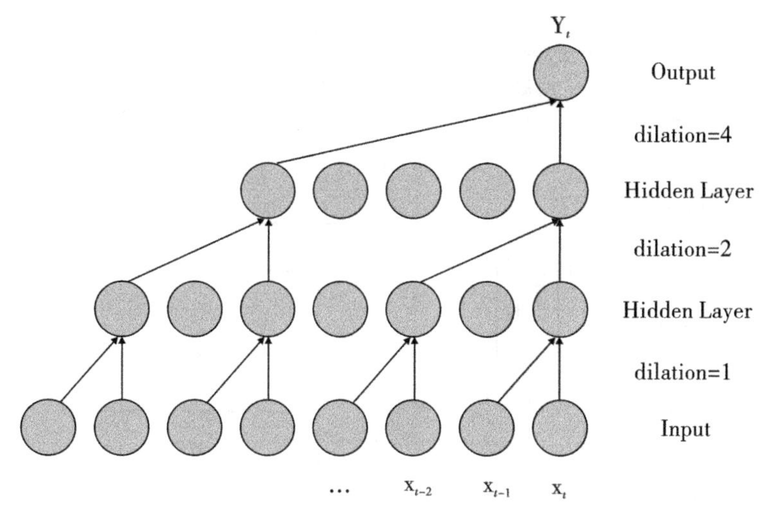

图 2-4 扩张卷积示意图

(3)残差连接

残差网络有效地解决了梯度消失的问题,其计算公式如下:

$$o = \text{Activation}[X + Q(X)] \tag{2-8}$$

式中,X 为输入;$Q(X)$ 为经过残差网络最后一个隐层后的输出。Activation 是 X 和 $Q(X)$ 之间使用的激活函数,为了能够使两者结合,我们一般使用一维卷积使得它们的形状相同,图 2-5 和图 2-6 可以具体解释。

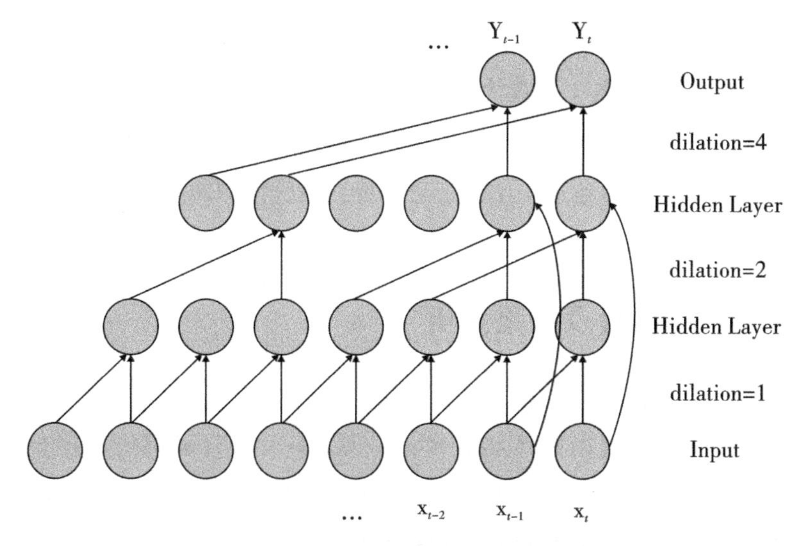

图 2-5 带有残差连接的扩张卷积示意图

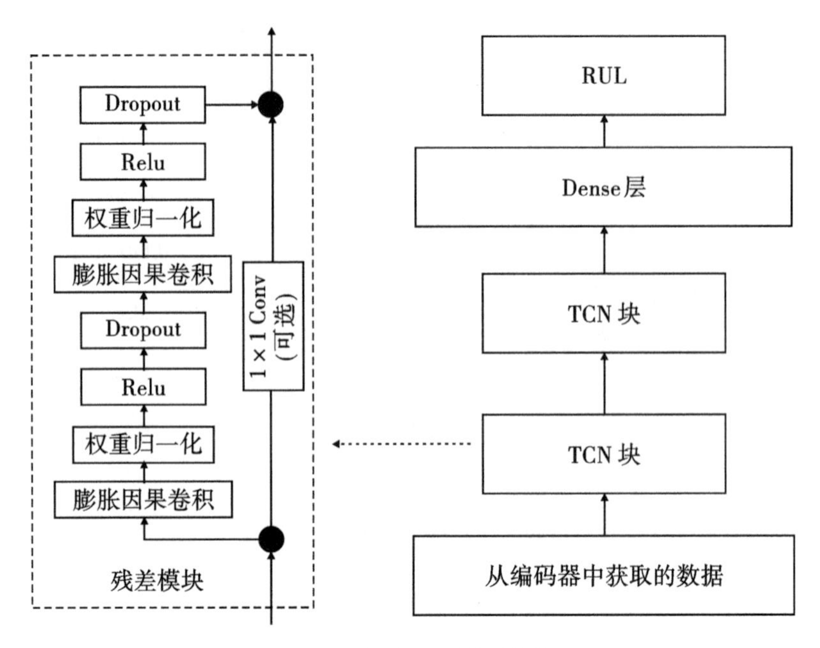

图 2-6 RUL 预测模型结构

在具体的实验中，感受野的计算公式如下：

$$\text{receptive field} = K * \text{nb\_stacks} * \text{dilation}[-1] \tag{2-9}$$

式中，K 为滤波器的大小；nb_stacks 为残差块的数量；dilation[-1]为 dilation 中最后一个数字。

具体的计算过程如下：如图 2-6 所示，在 TCN 模块中，经过式(2-7)，$F(x_t)$ 将通过式(2-10)的激活函数，其输出为 $p(x_t^s)$ 。重复上述的过程，TCN 模块的输出 $Q(X)$ 即可得到，最后通过式(2-8)得到 TCN 最后的输出 o。经过 TCN 后，最后通过一层全连接层得到最后预测的 RUL。

$$p(x_t^s) = \text{Relu}[F(x_t^s)] \tag{2-10}$$

2.3.3 实验设计及结果分析

(1)数据集描述

为了验证该方法在具体实验中的效果，本次实验采用的数据集是由 NASA 提供的 C-MAPSS[86] 数据集，虽然业界还存在 PHM08 等数据集，但由于 PHM08 的测试集没有提供最终精确的剩余寿命值，故本书使用 C-MAPSS

数据集进行实验,具体的传感器分布如图 2-7 所示。C-MAPSS 数据集分为 4 个子数据集,分别为 FD001 ~ FD004,每个子数据集的共同的特点为:均有 26 列,分别为 Unit、Cycle、三种的操作条件,以及 21 个传感器的值。每个子数据集均包含训练集和测试集,其中训练集中包含全生命周期的数据,即从最高的使用寿命到发生故障(剩余使用寿命为 0)。但是测试集的数据构成为任意时间点开始到发生故障。

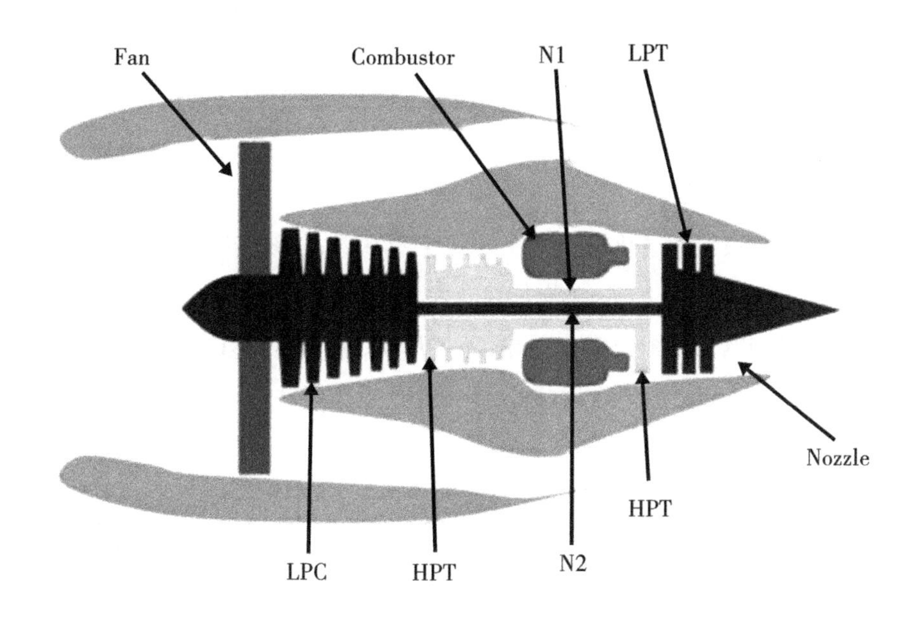

图 2-7　C-MAPSS 中的仿真引擎的简化图

其中 FD001 和 FD003 的操作条件只有 1 种,FD001 的故障模式只有 1 种,FD003 的故障模式有 2 种,一般认定为简单的数据集。FD002 和 FD004 的操作条件有 6 种,FD002 的故障模式只有 1 种,FD004 的故障模式有 2 种,一般认为是复杂的数据集。其中我们采用 test 中的最小的序列的长度-1 作为 seq_length 进行下一步的预测。因为如果选择的时间步太小,就不能准确地记录 RUL 下降的趋势;如果选择的时间步太长,那么短的时间序列将无法被预测。这些都将导致预测的误差产生。具体信息如表 2-1 所示。

表 2-1 C-MAPSS 数据集描述

Dataset	FD001	FD002	FD003	FD004
Engines' number of Train	100	260	100	249
Engines' number of Test	100	259	100	248
Operating conditions	1	6	1	6
Fault conditions	1	1	2	2
Min cycle of Test	31	21	38	19
Length of Train	20 631	53 759	24 720	61 249
Length of Test	13 096	33 991	16 596	41 214

(2)RUL 目标函数

我们将分段线性退化模型用作 RUL 目标函数,相较于线性退化模型,更适合用作 RUL 预测。RUL 的最大值设置为 125,这是为了防止模型过度预测并提高模型的数据拟合能力,如图 2-8 所示,在 cycle = 81 之前,RUL 处于健康状态。在 cycle > 81 之后,RUL 开始线性下降,并最终在 cycle = 206 时发生故障。

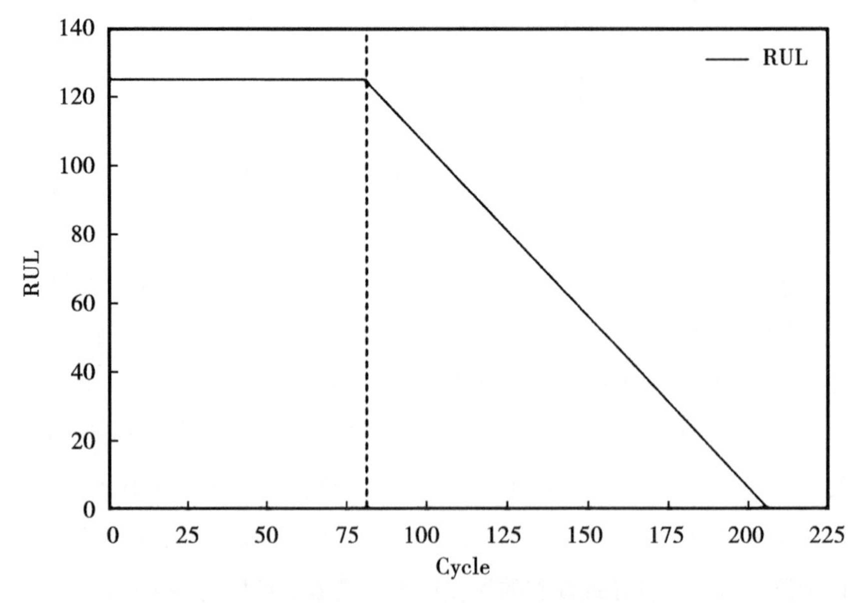

图 2-8 分段线性 RUL 退化函数图像

(3)评价指标

本书选择均方根误差(root mean squared error,RMSE)和得分函数 Score 作为评价指标,以下将介绍两者的定义和区别。

$$E_n = \mathrm{RUL}_{\mathrm{pred}} - \mathrm{RUL}_{\mathrm{true}} \quad n \in [1,N] \tag{2-11}$$

$$\mathrm{RMSE} = \sqrt{\frac{1}{N}\sum_{i=1}^{N} E_i^2} \tag{2-12}$$

$$S = \begin{cases} \sum_{i=1}^{N} (e^{-\frac{E_i}{13}}) - 1, E_i < 0 \\ \sum_{i=1}^{N} (e^{\frac{E_i}{10}}) - 1, E_i > 0 \end{cases} \tag{2-13}$$

式中,$\mathrm{RUL}_{\mathrm{pred}}$为预测的 RUL;$\mathrm{RUL}_{\mathrm{true}}$为真实的 RUL; E_n 为预测的误差;N 为训练数据的个数;RMSE 为均方根误差;S 为得分函数。

RMSE 函数和 Score 函数的图像如图 2-9 所示。

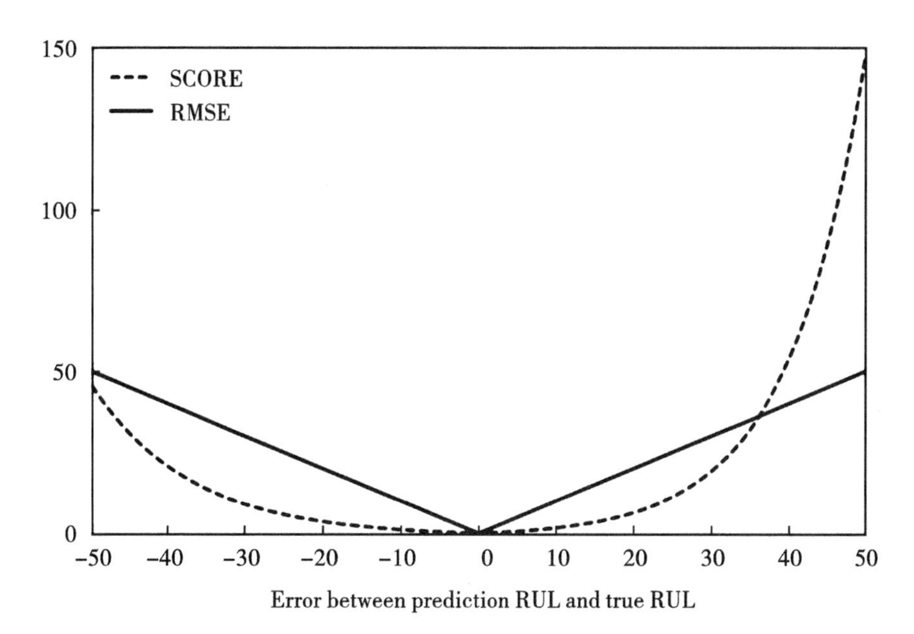

图 2-9　RMSE 函数与 Score 函数图像对比

关于 RMSE 函数,在预测的误差正负上没有什么区别,例如预测值小于真实值 20 和预测值大于真实值 20 所得到的 RMSE 的值都相同,但是在

Score 函数上,如果预测的误差为负数,那么惩罚的 Score 值相对较小,但是如果预测的误差为正数,那么误差越大,惩罚的 Score 值越大。例如预测值小于真实值 50,Score 为 48;预测值大于真实值 50,Score 为 138。

(4)网络参数设置

基于 LSTM 自编码器的参数设置如表 2-2 所示。其中 Unit 代表的是隐层神经元的个数,Activation Function 代表的是所使用的激活函数。在训练的过程中,将经过简单筛选和归一化的数据作为基于 LSTM 自编码器的输入和输出,其中 Epoch 设置为 50,并且将 RMSE 作为评价指标。经过训练后,将基于 LSTM 的编码器单独作为数据降维和特征提取的工具,后续的消融实验证明了其有效性。TCN 模型的参数设置如表 2-3 所示。

表 2-2　基于 LSTM 自编码器的参数设置

Layer	Unit	Activation Function
LSTM	64	Tanh
LSTM	32	Tanh
Dense	10	ReLU
Dense	10	ReLU
LSTM	32	Tanh
LSTM	64	Tanh

表 2-3　TCN 模型的参数设置

Dataset	Nb_stack	Filters	Kernel_size	Dilations	Batch_size	Epoch
FD001	2	32	2	[1,2,4,8]	128	25
FD002	2	64	3	[1,2,4]	256	30
FD003	2	32	3	[1,2,4,8]	128	25
FD004	2	64	3	[1,2,4]	256	30

注:其中 Nb_stack 代表 TCN 中残差块的堆叠个数,Filters 代表滤波器的个数,Kernel_size 代表卷积核的大小,Dilations 代表网络的扩张卷积的设置,Epoch 代表训练阶段完整的使用数据集的次数。

(5)实验结果分析

我们使用所提出的模型在 C-MAPSS 数据集上进行实验,与过去在领域内表现优秀的方法例如 LSTM 等进行对比,并且较为详细地分析了所提出模型的优缺点。接下来将从多个角度分析实验的结果。图 2-10 显示了 FD001 ~ FD004 测试数据集的相应 100、259、100、248 个引擎上的预测 RUL 与实际 RUL 的比较。

图 2-10　预测 RUL 与真实 RUL 对比

图 2-11 描述了 RUL 实验预测结果与实际预测结果之间的误差分布。

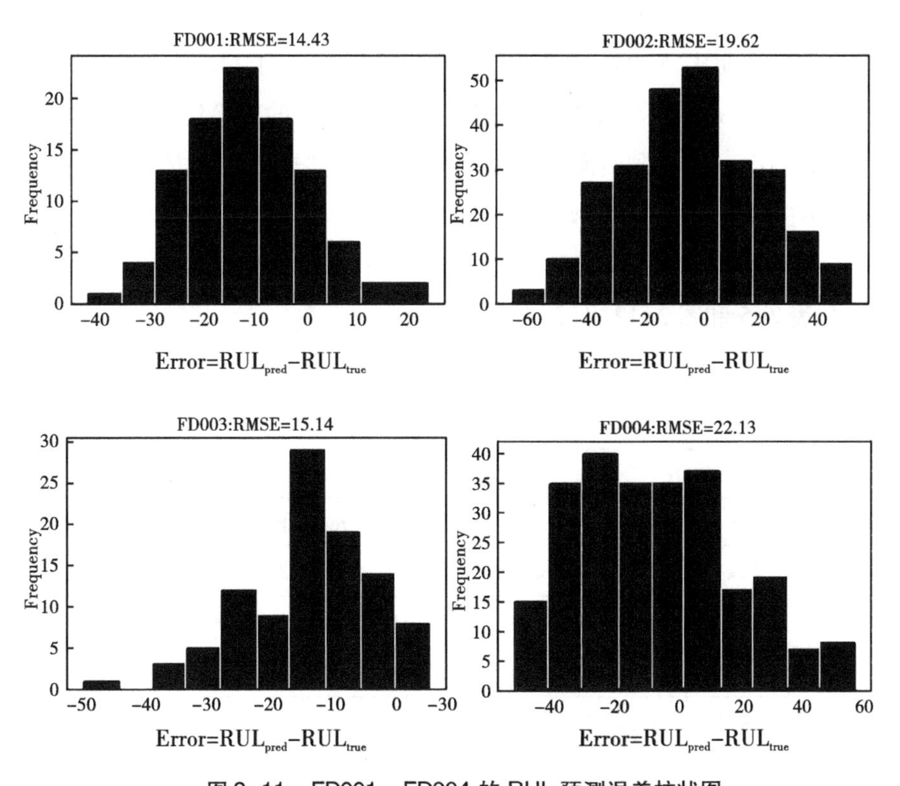

图 2-11　FD001 ~ FD004 的 RUL 预测误差柱状图

总而言之,在 FD001 上,小于、等于和大于实际结果的预测结果数分别为 80、2、18。在 FD002 上,小于、等于和大于实际结果的预测结果的数目分别为146、9、104。在FD003上,小于、等于和大于实际结果的预测结果的数分别为88、4、8。在FD004上,小于、等于和大于实际结果的预测结果数分别为151、6、91。可以看出,FD001和FD003的错误范围比FD002和FD004小,因此它们的RMSE和Score值较低。

FD001和FD003:除了个别地方,预测曲线几乎涵盖了真实曲线,如图2-10(a)所示。在实际情况下,将出现以下情况:RUL的警告时间将被延迟,这将导致大多数发动机的相应维护出现问题。尽管在高RUL的情况下实现了预警,但在低RUL的情况下还是会出现预警延迟的问题,如图2-10(c)所示。

FD002和FD004:FD002和FD004有所改进,但是由于出现了一些奇异值,导致预测与实际情况大不相同。总体而言,它的性能优于简单的数据集。与FD002相比,FD004的RMSE和Score得分均高于FD002。如图2-10(b)和图2-10(d)所示,在低RUL的情况下,FD004的奇异值较少,并且性能优于FD002。因此,预测曲线更接近实际需求,这也表明该方法在多操作环境和多故障模式下具有较好的性能。

接下来将实验结果与LSTM等方法进行对比,并且完成了消融实验,见表2-4、表2-5和图2-12、图2-13。

表2-4 与其他方法的实验结果对比

数据集	FD001		FD002		FD003		FD004	
Matric	Score	RMSE	Score	RMSE	Score	RMSE	Score	RMSE
MLP[87]	1.80×10^4	37.56	7.80×10^6	80.03	1.74×10^4	37.79	5.62×10^6	77.37
SVR[87]	1.38×10^3	20.96	5.90×10^5	42.00	1.60×10^3	21.05	3.71×10^5	45.35
RVR[87]	1.50×10^3	23.80	1.74×10^4	31.30	1.43×10^3	22.37	2.65×10^4	34.34
DBN[88]	4.18×10^3	15.21	9.03×10^3	27.12	4.42×10^2	14.71	7.95×10^3	29.88
CNN[87]	1.29×10^3	18.45	1.36×10^4	30.29	1.60×10^3	19.82	5.55×10^3	29.16
DCNN[89]	2.74×10^2	12.61	1.04×10^4	22.36	2.84×10^2	12.64	1.25×10^4	23.31
RNN[89]	3.39×10^2	13.44	1.43×10^4	24.03	3.47×10^2	13.36	1.43×10^4	24.02
LSTM[90]	3.38×10^2	16.14	4.45×10^3	24.49	5.82×10^2	16.18	5.55×10^3	28.17

续表 2-4

Dataset	FD001		FD002		FD003		FD004	
Matric	Score	RMSE	Score	RMSE	Score	RMSE	Score	RMSE
BiLSTM[91]	2.95×10^2	13.65	4.13×10^3	23.18	3.17×10^2	13.74	5.43×10^3	24.86
TCN	3.07×10^2	14.43	3.15×10^3	19.62	3.57×10^2	15.14	3.68×10^3	22.13

表 2-5　消融实验

Dataset	FD001		FD002		FD003		FD004	
Matric	Score	RMSE	Score	RMSE	Score	RMSE	Score	RMSE
Exclude Encoder	4.07×10^2	15.43	3.14×10^3	19.14	7.36×10^2	16.21	4.50×10^3	21.54
Exclude TCN	4.50×10^2	16.46	4.80×10^3	22.15	9.12×10^2	18.18	5.73×10^3	23.45
本文	3.07×10^2	14.43	3.15×10^3	19.62	3.57×10^2	15.14	3.68×10^3	22.13

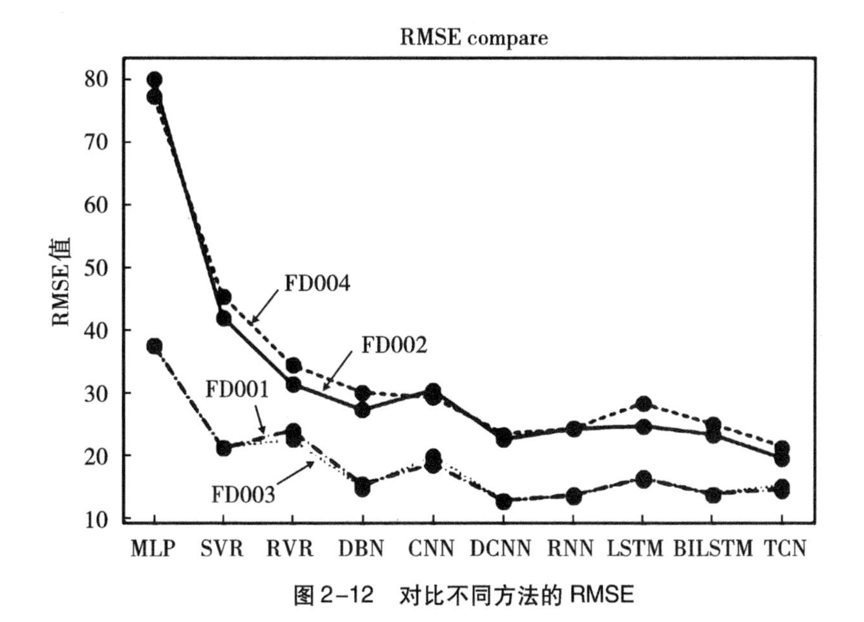

图 2-12　对比不同方法的 RMSE

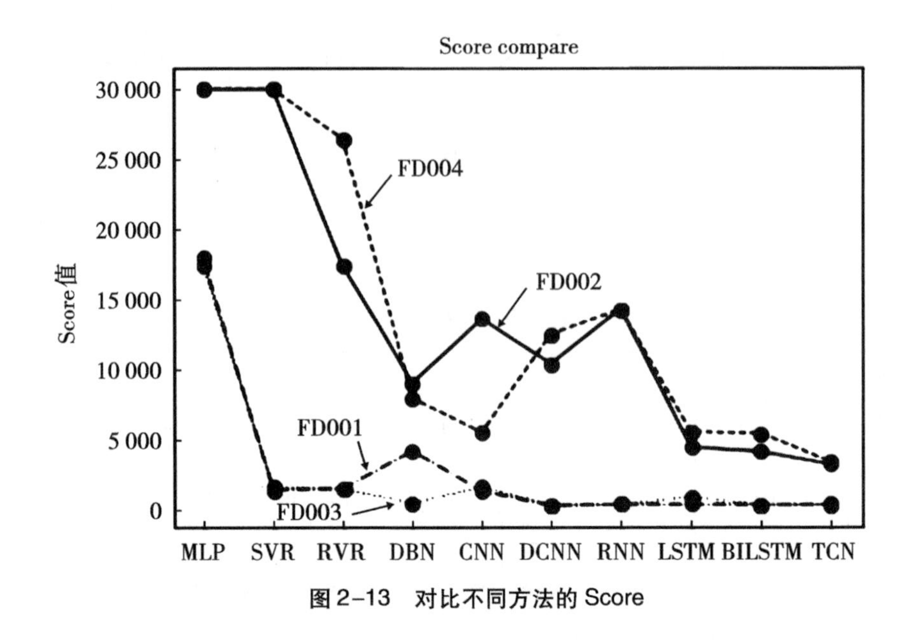

图 2-13 对比不同方法的 Score

由表 2-4、图 2-12 和图 2-13 可知，本书模型在相对简单的数据集(如 FD001 和 FD003)上的性能稍差一些，RMSE 和 Score 值略高于所列出方法的最佳结果，但与最佳结果相差不大。但是所提出的模型在复杂的数据集(例如 FD002 和 FD004)上表现良好。在所对比的方法中，RMSE 和 Score 值是最佳的，这表明本书中的模型在复杂数据集中起着重要作用，并表现出良好的性能。由表 2-5 可以获得以下结论：在数据的预处理部分，基于 LSTM 的自动编码器在特征提取和降维方面具有独特的优势，其性能优于直接选择所有特征。在 RUL 的预测部分，为了验证 TCN 在 RUL 预测中的作用，用 LSTM 代替 TCN 进行 RUL 预测，结果表明 TCN 的性能优于 LSTM。总之，所提出方法的每个部分在整个 RUL 预测过程中都起着重要作用。

2.4 基于 TrellisNet 的剩余寿命预测模型

TrellisNet 与 TCN 不同的地方在与：①TrellisNet 采用了权重共享的方法，即在每一层的网络上所使用的滤波器都相同；②TrellisNet 将原始的输入在每一层都与隐层的结果相结合。

2.4.1　总体框架

本节与第 2.3 节不同的地方在与没有进行特征的提取，只是进行了简单的数据特征筛选，然后通过时间窗口技术形成时序数据，最后输入到 TrellisNet 中，得到预测的 RUL 值。从理论角度解释通过深度学习模型不断训练最终能够达到在全新数据上预测 RUL 的过程。即首先 RUL 的真实值可以由式(2-14)得到：

$$y_{\text{true}} = \text{Maxcycle} - \text{Cycle} \tag{2-14}$$

式中，Maxcycle 为当前引擎的最大寿命；Cycle 为当前已经循环的次数；y_{true} 为当前引擎的 RUL 值。所以，RUL 的预测问题可以简化为

$$y_{\text{pred}} = f(X, \theta) \tag{2-15}$$

式中，我们所使用的深度学习模型可以视作函数 f，X 为输入的数据，θ 为相关的参数，y_{pred} 为预测的 RUL 值。

最终，我们的目标为不断地减少 RUL 预测值的误差，见式(2-16)：

$$\text{Min}\sqrt{\frac{1}{N}\sum_{i=1}^{N}(y_{\text{true}} - y_{\text{pred}})} \tag{2-16}$$

式中，N 为训练数据的个数。经过上述不断的训练优化，RUL 的真实值与预测值的误差不断变小，最终达到在测试集上能够较精确地预测 RUL 的目的。

2.4.2　TrellisNet 理论介绍

图 2-14 中表示的是数据 x_t 和 x_{t+1} 在时间步 t+1、第 i+1 层时，最后的隐层输出 $Z_{t+1}^{(i+1)}$ 的计算流程。图 2-15 中表示的是时间序列长度为 8 的数据经过第 i 层和第 i+1 层后的隐层输出。x_t 代表在时间 t 时的输入，$Z_t^{(i)}$ 代表第 i 层在时间 t 时的隐层输入。在图 2-14 中，当 $i=0$ 时，所有的隐层输入 Z 为 0。

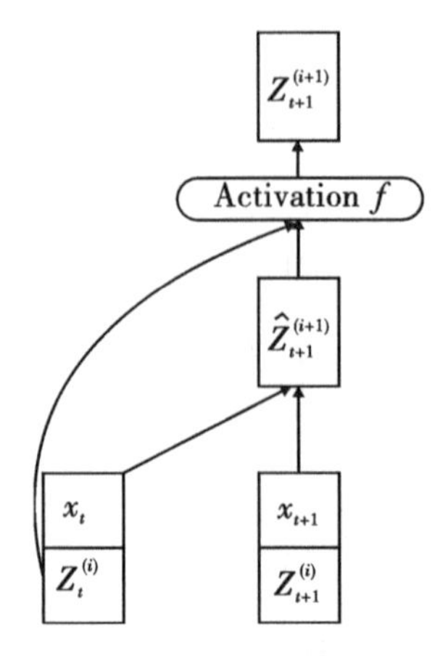

图 2-14 TrellisNet 基本原子结构

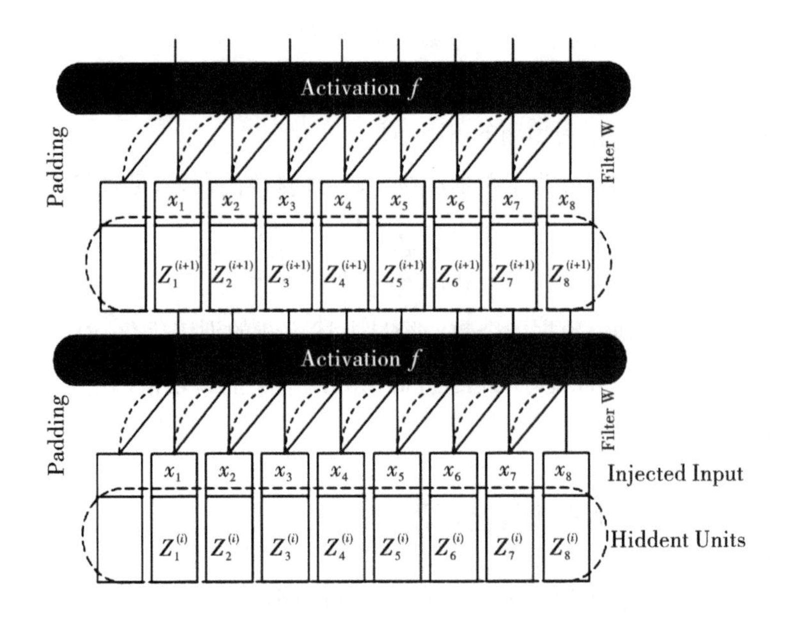

图 2-15 TrellisNet 单元序列结构

在图 2-14 中，$Z_{t+1}^{(i+1)}$ 的计算过程如下：

$$\hat{Z}_{t+1}^{(i+1)} = w_1 \begin{bmatrix} x_t \\ Z_t^{(i)} \end{bmatrix} + w_2 \begin{bmatrix} x_{t+1} \\ Z_{t+1}^{(i)} \end{bmatrix} \tag{2-17}$$

$$Z_{t+1}^{(i+1)} = f(\hat{Z}_{t+1}^{(i+1)}, Z_t^{(i)}) \tag{2-18}$$

图 2-15 中完整的 TrellisNet 网络可以由图 2-14 在时间维度上平铺，在空间维度上堆叠构成，将给定的时间序列数据与其隐藏输出结合（第一层的隐层的输出为 0，剩余层的隐层的输出由上一层计算得到），将图 2-14 中的计算应用到所有的时间步和层中，其中每一层都使用相同的权重。

特别地，式(2-18)中的激活函数 f 可以是任何非线性函数，本书采用的是 LSTM 这种非线性激活单元。

图 2-16 介绍了基于 LSTM 内核的 TrellisNet 的单个原子实现过程。下面是将 LSTM 内核作为 TrellisNet 的非线性激活函数的数学实现。

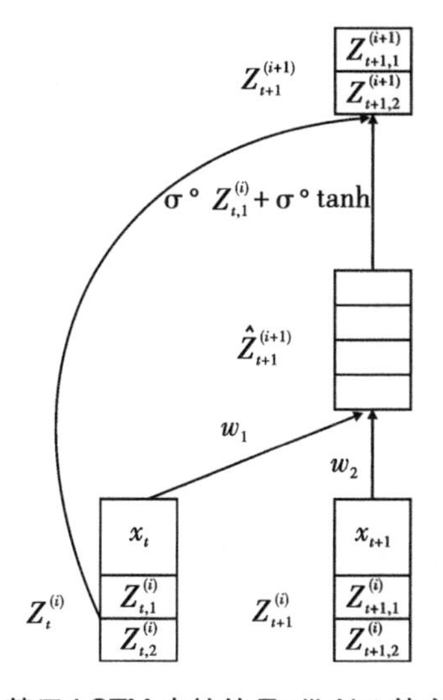

图 2-16　基于 LSTM 内核的 TrellisNet 基本原子结构

$$\hat{Z}_{t+1}^{(i+1)} = w_1 \begin{bmatrix} x_t \\ Z_{t,2}^{(i)} \end{bmatrix} + w_2 \begin{bmatrix} x_{t+1} \\ Z_{t+1,2}^{(i)} \end{bmatrix} = [\hat{Z}_{t+1,1}\ \hat{Z}_{t+1,2}\ \hat{Z}_{t+1,3}\ \hat{Z}_{t+1,4}] \quad (2-19)$$

$$Z_{t+1,1}^{(i+1)} = \sigma(\hat{Z}_{t+1,1}) \circ Z_{t,1}^{(i)} + \sigma(\hat{Z}_{t+1,2}) \circ \tanh(\hat{Z}_{t+1,3}) \quad (2-20)$$

$$Z_{t+1,2}^{(i+1)} = \sigma(\hat{Z}_{t+1,4}) \circ \tanh(Z_{t+1,1}^{(i+1)}) \quad (2-21)$$

$$Z_{t+1}^{(i+1)} = (Z_{t+1,1}^{(i+1)}, Z_{t+1,2}^{(i+1)}) \quad (2-22)$$

式(2-19)等价于式(2-17)、式(2-20)、式(2-21)，式(2-22)等价于式(2-18)，只是前者基于 LSTM 内核，其中 $\hat{Z}_{t+1}^{(i+1)}$ 的维度是隐层输入 $Z_t^{(i)}$ 的 4 倍。最终的隐层输出是通过矩阵对应元素相乘计算得到。

如图 2-17 所示，在训练阶段，首先我们获取的是二维的数据 $N_t \times N_s$，通过第三节实验中的数据的预处理变为 $N_{t\_process} \times N_{s\_process}$，其中 N_t 和 $N_{t\_process}$ 代表原始数据和经过预处理数据的时间维度，N_s 和 $N_{s\_process}$ 代表原始数据和经过预处理数据的特征维度。接着，预处理数据将通过时间窗口的方法切割成时间序列长度分别为 30、20、37 以及 18 的三维数据。将式(2-19) ~ 式(2-22)重复 layers 次，再设置一层线性层，得到最后的预测 RUL。

图 2-17 所提出 TrellisNet 模型整体结构

在测试阶段，我们将获取的测试数据经过与训练阶段相同的处理，输入到训练好的模型中，得到最终的预测结果。

2.4.3 实验数据

我们仍然使用 NASA 的 C-MAPSS 数据集作为本次实验的数据集。在评价指标方面，RMSE 和 Score 作为业界常用的两种评价指标，能够比较全面地衡量实验结果的好坏，故我们继续使用这两种评价指标。

在本次的实验中，数据的预处理分为以下几步：

对于简单的数据集（例如 FD001 和 FD003），首先画出 3 种操作情况和 21 种传感器数值的图像，发现第三种操作情况和第 1、5、6、10、16、18、19 个传感器的值不随着循环数的变化而变化，所以我们认为它们对预测 RUL 起的作用很小，故删除。在对传感器值进行相关性分析的时候，我们发现第 9 个传感器和第 14 个传感器高度相关，我们可以只保留一个。最后，我们保留的特征为：第 2、3、4、7、8、11、12、13、14、15、20、21 个传感器值和第 1、2 个操作情况。对于复杂的数据集（例如 FD002 和 FD004），经过可视化分析和相关分析后，发现很难发掘其中的关系，所以我们保留了 21 种传感器值和 3 种操作情况。

原始的数据集（除去 Unit 和 Cycle 两列）通过式(2-5)进行归一化。图 2-18 以 FD001 中的数据为

图 2-18 归一化前后数据对比

例展示归一化前后数据的情况。

2.4.4 实验设置

接下来将具体介绍 TrellisNet 网络具体的参数设置,如表 2-6 所示,其中 NHID 为 TrellisNet 的隐层单元数,Nlevels 为 TrellisNet 堆叠的层数,Kernel_size 为网络的卷积尺寸,Dilation 为网络的扩张卷积的设置,Lr 为所选取的优化器 Adam 的学习率,Dropout 为对最后输出添加的 dropout,Dropouti 为输入添加的 dropout,Dropouth 为隐层间的 VD-based 的 dropout,Wnorm 为是否对权重进行标准化,Wdrop 为权重的 dropout。

表 2-6　TrellisNet 参数设置

数据集	FD001	FD002	FD003	FD004
Epoch	12	30	30	20
Batch_size	128	256	256	128
Sequence_length	20	20	20	20
NHID	30	60	60	10
Kernel_size	20	2	2	10
Nlevels	2	3	2	3
Dilation	[1,2,4,8]	[1,2,4,8]	[1,2,4,8,16]	[1,2,4,8]
Lr	0.1	0.06	0.03	0.02
Dropout	0.3	0.1	0.5	0.3
Dropouti	0.3	0	0	0.3
Dropouth	0.3	0	0	0.3
Wnorm	True	True	True	True
Wdrop	0.2	0.1	0.2	0.3

2.4.5 实验结果分析

本节将从不同的方面分析本次实验结果。首先,通过对比 FD001 ~ FD004 测试集上的 RUL 真实值和预测值曲线,以及相对应的误差来分析本书提出的方法在 C-MAPSS 数据集上的表现。然后,将本书提出的方法的实验结果与当前表现优秀的方法进行对比。

图 2-19 预测 RUL 与真实 RUL 对比

图 2-19 是 FD001 ~ FD004 测试集的真实 RUL 与预测 RUL 的对比图。

图 2-20 描述了 FD001 ~ FD004 的 RUL 预测误差分布。

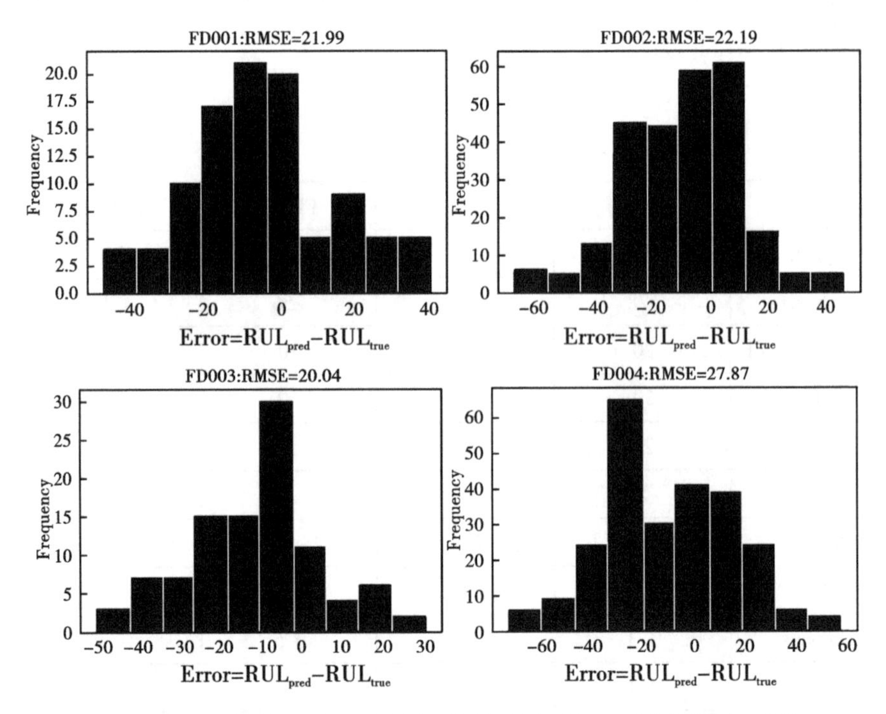

图 2-20 FD001,FD002,FD003,FD004 的 RUL 预测误差柱状图

图 2-20 中,FD001 中预测值低于、等于、高于真实值的数量分别为 65、4、31,FD002 中为 172、16、71,FD003 为 82、0、18,FD004 为 156、8、84。接下来,将 FD001 和 FD003 统一讨论,FD002 和 FD004 统一讨论。

表 2-7 旨在验证本书所提出的方法在全部数据上的综合表现,其主要的评价指标为 RMSE 和 Score。从表中可以得到以下结论:本书所提出的 TrellisNet 在简单数据集 FD001 和 FD003 上表现欠佳,在复杂数据集 FD002

和 FD004 上表现优秀。相较于 CNN、LSTM 等方法,TrellisNet 虽然在简单数据集上表现不是最佳,但是复杂数据集上的表现很好,与第 1 章中单一的 TCN 相比,在 FD002 和 FD003 上的表现也有所提升,这验证了 TrellisNet 改进的优势。基于 LSTM 自编码器的 TCN 相较于 TrellisNet 在 FD001、FD003 和 FD004 上更有优势。但是同样存在一些问题,例如 FD001 和 FD004 的 RMSE 数值很高,低于我们预期结果,同第 2、3 节所提出的方法相比效果较差,这也是下一步需要改进的地方。

表 2-7　TrellisNet 与其他方法的实验结果对比

数据集	FD001		FD002		FD003		FD004	
Matric	Score	RMSE	Score	RMSE	Score	RMSE	Score	RMSE
MLP[87]	1.80×10^4	37.56	7.80×10^6	80.03	1.74×10^4	37.79	5.62×10^6	77.37
SVR[87]	1.38×10^3	20.96	5.90×10^5	42.00	1.60×10^3	21.05	3.71×10^5	45.35
RVR[87]	1.50×10^3	23.80	1.74×10^4	31.30	1.43×10^3	22.37	2.65×10^4	34.34
DBN[88]	4.18×10^3	15.21	9.03×10^3	27.12	4.42×10^2	14.71	7.95×10^3	29.88
CNN[87]	1.29×10^3	18.45	1.36×10^4	30.29	1.60×10^3	19.82	5.55×10^3	29.16
DCNN[89]	2.74×10^2	12.61	1.04×10^4	22.36	2.84×10^2	12.64	1.25×10^4	23.31
RNN[89]	3.39×10^2	13.44	1.43×10^4	24.03	3.47×10^2	13.36	1.43×10^4	24.02
LSTM[90]	3.38×10^2	16.14	4.45×10^3	24.49	5.82×10^2	16.18	5.55×10^3	28.17
BiLSTM[91]	2.95×10^2	13.65	4.13×10^3	23.18	3.17×10^2	13.74	5.43×10^3	24.86
TrellisNet	6.19×10^2	21.99	2.30×10^3	22.19	5.09×10^2	20.04	4.28×10^3	27.87
TCN	4.07×10^2	15.43	3.14×10^3	19.12	7.36×10^2	16.21	4.50×10^3	21.54
TCN+encoder	3.07×10^2	14.43	3.15×10^3	19.62	3.57×10^2	15.14	3.68×10^3	22.13

FD002 和 FD004 有多种操作状况,相较于 FD001 和 FD003 更加难以预测,这表明本书所提出的方法针对多操作状况的数据集更具有实际价值,更能满足实际生活的需要。但是本书提出的方法在简单数据集上的表现低于我们的预期,接下来的工作将解决这个问题。

2.5 基于Bi-LSTM的多路径剩余寿命预测模型

由于航空发动机经常在多工况环境下运行,使得传感器获得的监测数据包含多种故障模式和多维特征数据,而使用单一的神经网络模型难以提取足够的有效信息,导致模型获得的RUL预测结果不尽人意。为了提高预测精度,本节将不同网络模型进行合理组合,即使用既与Bi-LSTM串行又同Bi-LSTM并行的CNN组合成新的网络框架。Bi-LSTM可以从不同数据中提取特征,既能够直接从原始特征中提取时间特征,也可以从CNN输出特征中提取高维时间特征,同时使用Bi-LSTM和CNN可以提取数据的时空间特征。基本的网络框架确定后,为了进一步提升预测效果,本节将目光转向了近年来备受瞩目的注意力机制,由于注意力机制在不少领域均获得了不俗的成绩,且在本领域内也受到了不少研究者的关注;一些学者将注意力机制直接作用于原始数据,给予重要特征更多的关注度;还有一些学者考虑将注意力机制作用于网络模型之后,加权提取特征,两种处理方式都取得了不错的效果。Liu等[92]提出利用注意力机制来关注输入数据,这样能够让模型在学习数据时将更多的注意力放在权重较高的特征上,有助于学习重要信息。Jiang等[93]利用注意力机制和时间卷积网络共同作用于航空发动机的RUL预测,时间卷积网络学习的提取特征直接传入注意力机制来给予重要学习特征更多的关注度。Das等[94]利用注意力机制与深度LSTM相结合用于预测发动机的RUL,可以通过注意力机制来给予特征不同的关注度。在上述几种方法的启发下,本节考虑将注意力机制同时作用于原始特征和网络提取特征,这也是一种新的尝试,以期待获得更好的预测效果。

具体来说,本节提出了多路径模型来预测航空发动机的RUL,构建的模型拥有三条不同的并行路径,如图2-21所示。为了提供更多可以描述数据特征的有用信息,通过第一条路径来提取原始数据的均值特征和趋势系数特征,获得的特征信息传入全连接网络进一步提取数据。由于原始数据之间具有很强的时间关联性,利用Bi-LSTM可以提取原始数据之间的双向时间相关性,为了能够从大量提取数据中加权重要特征,通过Bi-LSTM学习后获得的特征传入注意力机制进行特征加权，这样的特征处理方式形成了第二条并行路径。第三条并行路径是先经过注意力机制加权原始数据，使得网络模型更加有针对性的学习数据，加权特征依次经过CNN和Bi-LSTM，在模型学习时可以将更多的关注度给予权重较大的特征。先经过CNN学习数据的局部特征，输出的高维特征再传入Bi-LSTM，提取数据间的长时间依赖性。经过三条并行路径分别处理原始数据获得特征的不同表现形式，将三条路径的输出特征经过concatenate函数进行特征融合后输入至全连接网络，用于进一步预测航空发动机的RUL。

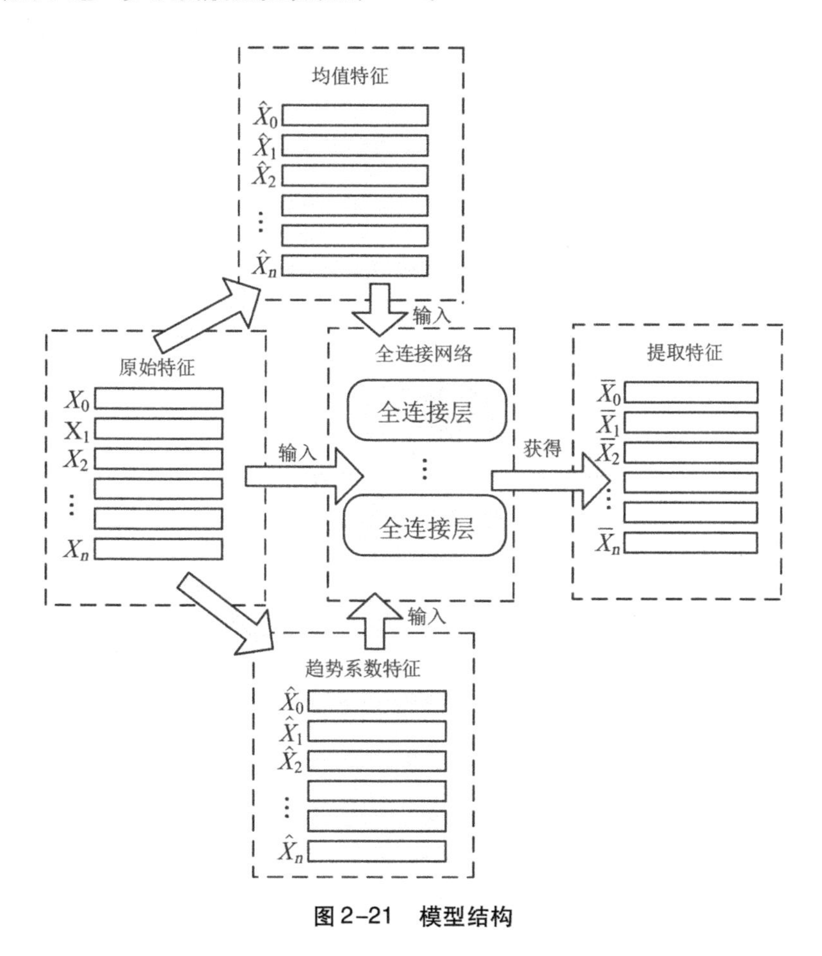

图2-21　模型结构

2.5.1 提取原始数据的直观特征

获取数据的均值和趋势系数是为了从状态监测数据中提取一些能直观反映数据特征的信息。原始数据经过标准化处理后再分别提取这两种特征,通过提取这两种数据特征能够为模型提供更多有效信息。模型中第一条路径主要是为了帮助模型训练,提取原始传感器数据的均值和趋势系数,并且将这些数据经过全连接网络提取更多的抽象信息。其中,提取数据的平均值能够表现传感器测量数据的大小,相应的趋势系数则可以表现状态监测数据的退化趋势,并且提取两种特征对模型训练的帮助已经在文献[95-96]中得到验证,这样的处理方式能够为模型 RUL 预测提供帮助,以提高整个网络模型的预测精度,如图 2-22 所示。

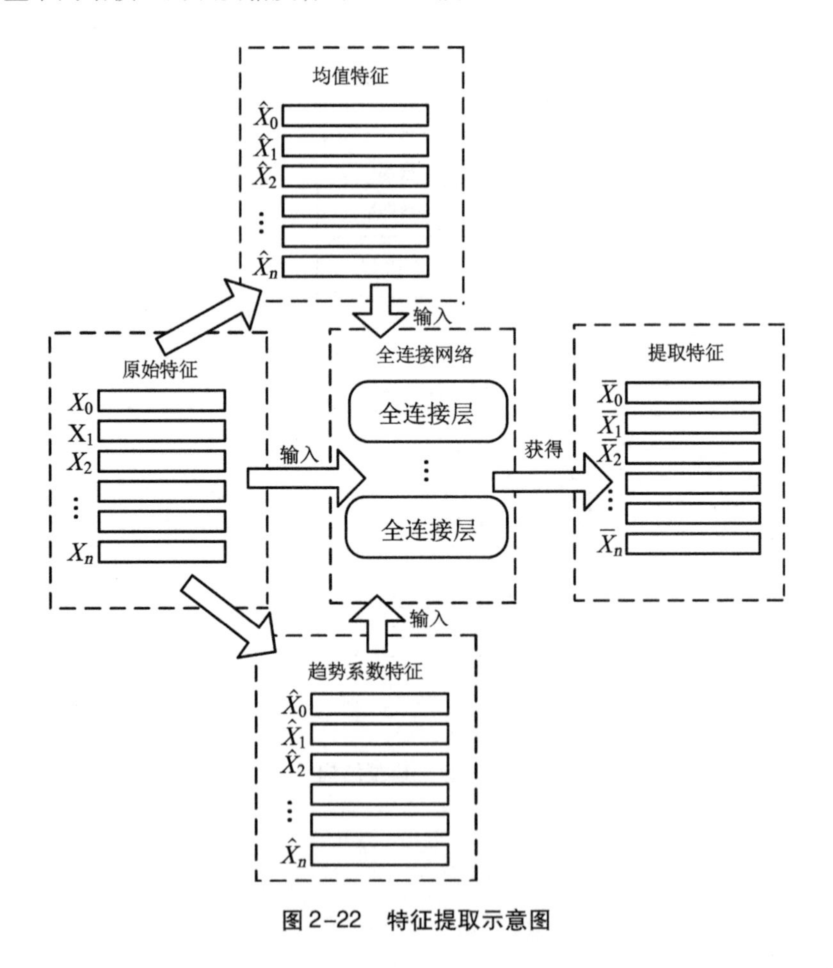

图 2-22 特征提取示意图

2.5.2 Bi-LSTM 结合注意力机制

模型的第二条并行路径主要由 Bi-LSTM 和注意力机制组成,原始数据经过预处理首先输入 Bi-LSTM 直接进行特征学习,经过 Bi-LSTM 学习后将提取特征输入至注意力机制,进一步加权关键的网络提取特征,对模型不同时间步输出特征分配不一样的权重,给予重要特征分配更大的权重,为的是提高 RUL 预测的准确性,具体流程如图 2-23 所示。

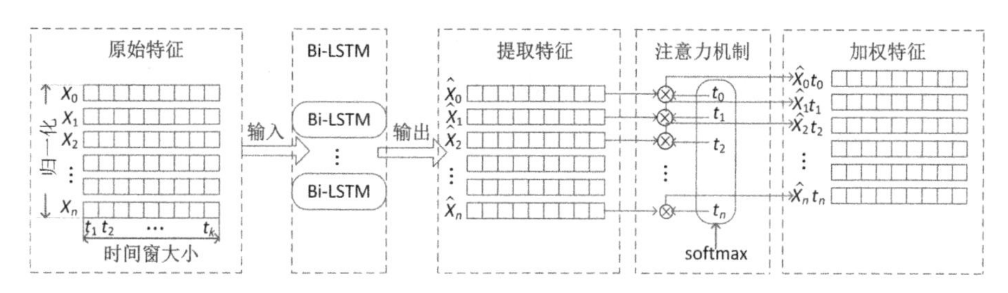

图 2-23 Bi-LSTM 与注意力机制

状态监测数据是经过长时间实验获得的,不同时间点获得的测量数据都会与其他数据节点存在关联性,并且由于数据是连续测量的,数据之间存在一定的延续性。为了充分学习数据的特性,本节选用 Bi-LSTM 进行特征学习,了解数据之间的双向时间依赖性,Bi-LSTM 是 LSTM 的延伸网络,是在 LSTM 的基础上改进获得的,目前在许多领域发现 Bi-LSTM 具有更好的表现,例如 NLP 领域和语音识别等。Bi-LSTM 模型由两层传播信息方向相反的 LSTM 组成($\overrightarrow{h_t}$代表正方向,$\overleftarrow{h_t}$代表反方向),Bi-LSTM 模型最终输出的结果序列是两层信息结果的结合。在 t 时间点,Bi-LSTM 分别获得了两个方向的数据信息($\overrightarrow{h_t}$ 和 $\overleftarrow{h_t}$),最终得到的结果 h_b 是这两个值的结合。由于两层 LSTM 只有传播方向不同,各个部分的计算公式都是相同的,所以本节只表示了前向传播过程的公式以及最终的输出结果,具体如式(2-23)~式(2-29)所示。

$$\overrightarrow{a_t} = \tanh(\overrightarrow{\boldsymbol{W}_a}\,\overrightarrow{x_t} + \overrightarrow{\boldsymbol{U}_a}\,\overrightarrow{h_{t-1}} + \overrightarrow{b_a}) \tag{2-23}$$

$$\overrightarrow{f_t} = \sigma(\overrightarrow{\boldsymbol{W}_f}\,\overrightarrow{x_t} + \overrightarrow{\boldsymbol{U}_f}\,\overrightarrow{h_{t-1}} + \overrightarrow{b_f}) \tag{2-24}$$

$$\overrightarrow{i_t} = \sigma(\overrightarrow{\boldsymbol{W}_i}\,\overrightarrow{x_t} + \overrightarrow{\boldsymbol{U}_i}\,\overrightarrow{h_{t-1}} + \overrightarrow{b_i}) \tag{2-25}$$

$$\overrightarrow{o_t} = \sigma(\overrightarrow{W_o}\,\overrightarrow{x_t} + \overrightarrow{U_o}\,\overrightarrow{h_{t-1}} + \overrightarrow{b_o}) \tag{2-26}$$

$$\overrightarrow{c_t} = \overrightarrow{f_t} \otimes \overrightarrow{c_{t-1}} + \overrightarrow{i_t} \otimes \overrightarrow{a_t} \tag{2-27}$$

$$\overrightarrow{h_t} = \overrightarrow{o_t} \otimes \tanh(\overrightarrow{c_t}) \tag{2-28}$$

$$h_b = \overrightarrow{h_t} + \overleftarrow{h_t} \tag{2-29}$$

式中，$\overrightarrow{i_t}$、$\overrightarrow{o_t}$、$\overrightarrow{f_t}$ 分别为在 t 时刻前向传播过程输入门、输出门以及遗忘门的输出结果；$\boldsymbol{W}$ 和 $\boldsymbol{U}$ 为权重矩阵；b 为偏置；a_t为 t 时刻记忆细胞的值；c_t为更新状态后的记忆细胞结果；σ 和 tanh 分别为 sigmoid 型和双曲正切型激活函数；$\otimes$ 为乘法运算；$\overrightarrow{h_t}$ 为前向传播的输出结果；$\overleftarrow{h_t}$ 为反向传播的输出结果；h_b 为最终的输出结果。

数据特征经过 Bi-LSTM 学习后，为了能够提高模型的预测准确性，本节引入注意力机制加权 Bi-LSTM 输出数据，由于 Bi-LSTM 在不同时间步上学习的特征对模型 RUL 预测的影响程度是不同的，并且特征的时间相关性可能随着发动机健康退化程度的改变而发生变化。想要在大量的提取特征中关注更重要的信息，需要给予不同时间步长的提取特征不一样的权重，这样可以让网络更加有的放矢地学习重要特征，以提升模型的 RUL 预测精度。基于这一事实，本节使用注意力机制关注 Bi-LSTM 不同时间步长的提取特征，具体流程如图 2-24 所示。

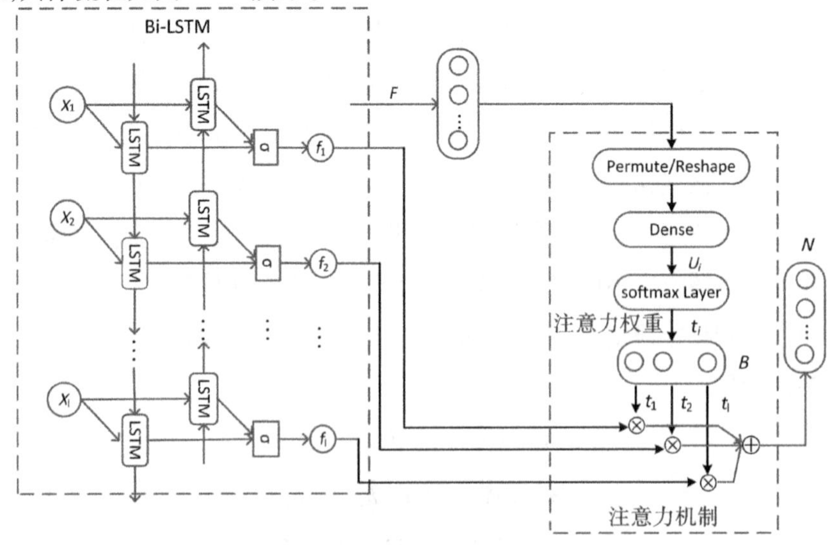

图 2-24 注意力机制示意图

假设一个数据样本经过 Bi-LSTM 学习后获得的特征表示为 $F=\{f_1,f_2,\cdots,f_d\}^{\mathrm{T}}$，T 代表进行转置操作。在时间步长 i 模型输出的特征 f_i 经过注意力机制加权后其重要性可以表示为

$$U_i=f(\boldsymbol{W}^{\mathrm{T}}f_i+b) \tag{2-30}$$

其中，$\boldsymbol{W}$ 和 b 分别代表权重矩阵以及偏置，U_i 则表示特征 f_i 经过注意力机制后获得的得分函数，计算每个数据特征的得分后，使用 softmax 函数对获得的分数进行归一化处理，表达公式如下所示：

$$t_i=\mathrm{softmax}(U_i)=\frac{\exp(U_i)}{\sum_i \exp(U_i)} \tag{2-31}$$

最终经过注意力处理后输出的全部特征可以表示为

$$N=F\otimes B \tag{2-32}$$

其中，$B=\{t_1,t_2,\cdots,t_d\}$，$\otimes$ 表示进行乘法运算。

2.5.3　注意力机制结合深度学习网络

第三条并行路径主要由注意力机制、CNN 和 Bi-LSTM 组成，首先使用注意力机制关注原始特征，将更多的关注度给予重要数据。其次加权特征输入 CNN 可以学习数据的空间关系。最后提取到的高维特征再传入 Bi-LSTM，进一步学习数据的双向长时间相关性。利用注意力机制对原数据进行特征加权，使得 CNN 与 Bi-LSTM 提取特征更具有针对性，能够从大量数据中学习最具有代表性的特征，网络获得的提取特征可以将原始数据中的关键特征保留下来，为提升模型 RUL 预测准确性奠定了坚实的基础，具体流程如图 2-25 所示。

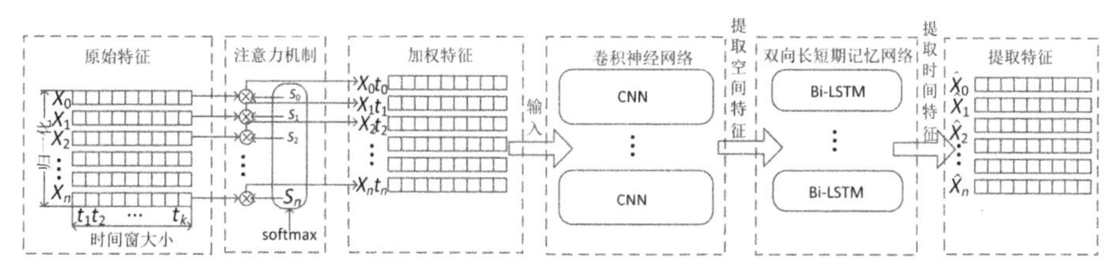

图 2-25　注意力机制结合深度学习网络

对于复杂的设备系统,测量获得的原始信息携带的特征较为复杂,并且传感器监测的原始状态特征通常与设备健康退化有不同程度的相关性。如果将这些特征平均处理很可能会影响或降低模型 RUL 预测的准确性。为了能够给预测模型提供更多重要的输入特征,本节使用注意力机制对原始数据进行加权,直接关注传感器收集的监测数据对不同特征给予不同的权重,在每个时间步长对原始特征进行重要性评估,在大量的输入数据中聚焦学习关键的数据,减少模型对其他数据的学习,能够解决网络信息过载导致学习效率下降的问题,帮助提高模型 RUL 的预测准确性。注意力机制主要由全连接层和 softmax 层组成,在每个时间步长中,每个输入特征都通过全连接层进行评分,具体流程如图 2-26 所示。

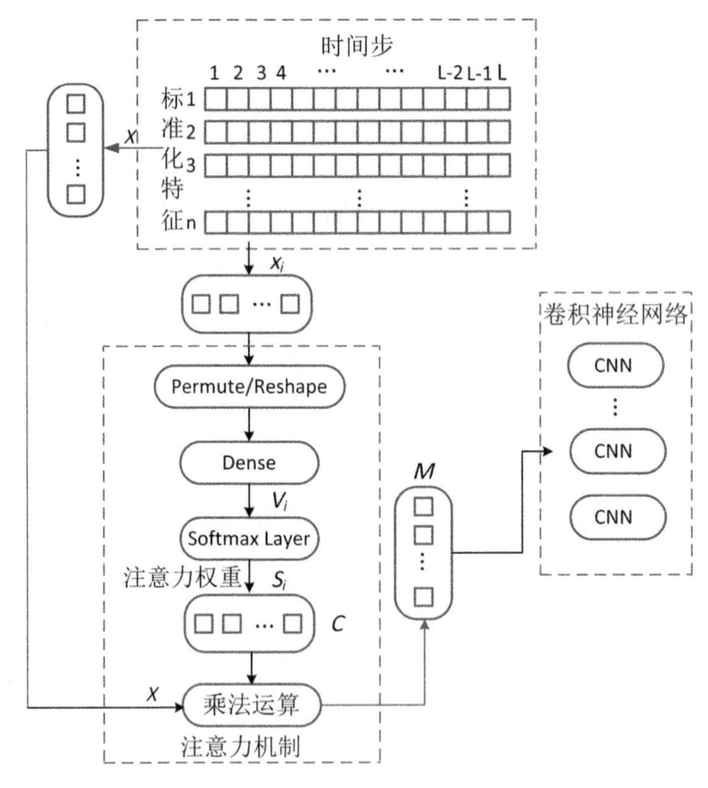

图 2-26 注意力机制示意图

经过注意力机制处理后将加权特征输入 CNN,用于提取原始数据的高维特征,该网络中包含了卷积层以及池化层。其中,卷积层利用多个过滤器提取数据的空间特征，池化层能够选择最重要的信息输入网络。在卷积层中，输入的数据通过与过滤器卷积来生成包含许多局部特征的特征图，卷积运算如式(2-33)所示。

$$z_i = \tanh(\boldsymbol{x} * k_i + \boldsymbol{b}_i) \tag{2-33}$$

式中，* 为卷积层中的卷积运算；k_i为第 i 个卷积滤波器；$\boldsymbol{b}_i$为偏置矩阵；$\boldsymbol{x}$ 为输入向量；z_i为第 i 个获得的特征图。此外，在卷积层中应用了 tanh 激活函数。通过滤波器处理后得到 I 个特征图，其特征图可以表示为

$$Z = [z_1, \ldots z_i, \ldots, z_I] \tag{2-34}$$

特征图经过最大池化处理后输出的特征传入 Bi-LSTM 用于获取特征间的时间关联性，数据进入 Bi-LSTM 后沿着相反方向传播，其中正向传播的数据流与反向传播的数据流共同影响模型的输出结果。

2.5.4　状态监测数据的处理及选取

本节使用仿真公开数据集 C-MAPSS 来评估方法的有效性，这个数据集拥有四个子集。每个子集又可以被划分为训练集和测试集，训练集获得的监测数据是设备从开始运行到最终发生故障的整个运行过程，测试集中只是包含设备从开始到故障发生前的数据值。RUL 负责记录测试集中的真实 RUL，该文件记录值被用于对比模型预测值。四个数据集中有两个子集涉及两种故障模式，有两个子集涉及 6 种运行条件。每个子集均有 26 列数据，分别包括 1 列发动机号、1 列循环数、3 列操作条件，以及 21 列传感器测量数据，具体情况描述见表 2-8。

表 2-8　状态监测数据描述

数据集	运行条件种类	故障模式种类	训练发动机数	测试发动机数
FD001	1	1	100	100
FD002	6	1	260	259
FD003	1	2	100	100
FD004	6	2	249	248

由于传感器测量位置以及发动机的不同，使得收集到的监测数据存在明显的物理特征差异，并且为进一步加快模型训练的收敛速度，通常会将原始数据经过归一化处理，归一化处理获得的数据大小范围为[0,1]。

$$X_{j,k}^{*}=\frac{X_{j,k}-X_{K}^{\min}}{X_{K}^{\max}-X_{K}^{\min}},\ \forall j,k \tag{2-35}$$

式中，$X_{j,k}^{*}$ 为第 k 个特征的第 j 个数据点经过归一化处理后获得的值；$X_{j,k}$ 为没有经过预处理的原始数据值；$X_{K}^{\min}$ 和 $X_{K}^{\max}$ 分别为数据中的最小值和最大值。

完成归一化处理后，再对数据进行滑动时间窗(winsize)处理，获得网络的输入数据可以表示为 $N=[X_1,X_2,\cdots,X_n]$，窗口沿着时间维度划分数据。由于时间序列数据不同，数据点之间的相关性对时序问题来说非常重要，通过时间窗口处理可以将多个数据的时间关联性封装在滑动窗口中，并且使用滑动窗口处理能够扩充原始数据样本。其中，需要设置两个超参数：滑动步幅和窗口长度。通常会设置较短的滑动步幅，这样既可以获得更多的数据样本又能够降低模型训练过程中发生过拟合的风险。因此，设置滑动步幅为1。设置窗口长度需要依据数据长度来调整，研究者发现，如果将窗口值设置得越大，可以获取到的数据信息就越多，可以为模型训练提供更多的数据特征，但如果时间窗长度设置太大，会增加模型的训练时长。因此，一般选择窗口长度时会综合考虑这两种因素。为了方便显示，在图2-27中将滑动窗口长度设置为2，步幅设置为1。

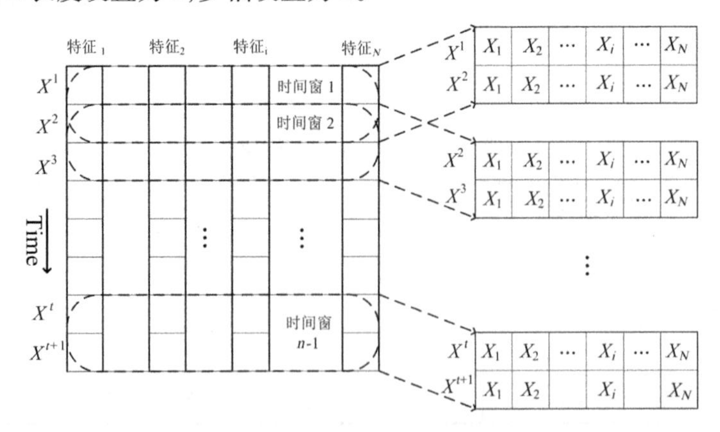

图2-27 滑动时间窗口处理

由于传感器监测数据量非常大，将全部数据输入模型会增加模型训练成本，研究者通常会选择删除部分不相关数据以精简数据量，并且这样处理可以提高模型学习的准确度。依据不同角度选取传感器数据会决定哪些数据作为训练数据，哪些数据被删除，而且每个传感器数据携带的信息存在较大的差异。因此，选择合适的传感器数据非常重要，它很可能会影响模型最终的学习效果。本章共采用4种选择角度进行实验对比，其中一种是删除值保持恒定的7个传感器数据，使用剩余14个传感器数据（S2，S3，S4，S7，S8，S9，S11，S12，S13，S14，S15，S17，S20和S21）训练模型，并调整模型超参数设置值。为了证明从其他不同角度选取传感器数据对模型预测结果的影响，本章对选取的另外三种角度也做了对比实验，即依据相关性及单调性和相关性的线性组合，单调性、可预测性和趋势性的线性组合选取传感器数据。

（1）依据相关性选取传感器数据

模型虽然可以通过学习所有传感器数据来预测RUL，但随着不相关数据逐渐增多，模型的学习难度也会相应增加。依据一些方法减少传感器数量来降低数据维数，这意味着深度学习模型能够加快学习速度，并且可以提高模型的RUL预测精度。文献[51]利用相关矩阵热图对数据集中包含的21个传感器数据进行相关性分析，结果发现可以依据相关性将数据划分为0%的相关性、30%的相关性以及60%的相关性。其中有6个传感器数据的相关性为0%，7个传感器数据的相关性小于30%，9个传感器数据的相关性小于60%，依据相关性选择传感器数据情况如表2-9所示。

表2-9　传感器的选择结果

相关性	选择的传感器
删除相关性为0%的传感器	2，3，4，6，7，8，9，11，12，13，14，15，17，20，21
删除相关性小于30%的传感器	2，3，4，6，7，8，9，11，12，13，15，17，20，21
删除相关性小于60%的传感器	2，3，4，7，8，11，12，13，15，17，20，21

为了减小模型预测的随机性,本章开展了多次实验,然后计算 RMSE 和 Score 的均值,将计算的均值作为最终模型的预测结果,最后根据相关性选取数据获得的预测结果如表 2-10 所示。

表 2-10 依据相关性选择传感器获得的实验结果

数据集	删除相关性为 0% 的传感器		删除相关性小于 30% 的传感器		删除相关性小于 60% 的传感器	
Matric	RMSE	Score	RMSE	Score	RMSE	Score
FD001	13.16	259.07	13.2	259.59	13.56	292.77
FD002	16.09	1 197.41	16.11	1 295.102	16.26	1 340.56
FD003	13.29	304.07	13.86	345.9	13.77	309.74
FD004	17.57	1 656.58	18.72	2 109.16	18.55	2 080.02

(2)依据单调性和相关性的线性组合选取传感器数据

在 C-MAPSS 数据集中包含了 21 个传感器采集的状态监测信号。然而,并不是所有的传感器监测数据都能很好地反映设备的健康状况以及变化情况。为了实现准确的 RUL 预测,选择合适的传感器信号非常重要。文献[97-98]通过计算每个传感器数据的单调性和相关性,将两者进行线性组合选取其值超过阈值的传感器,最终选择传感器 S2、S3、S4、S7、S8、S11、S12、S13、S15、S17、S20 和 S21。为了减小模型实验结果的随机性,本章取多次实验获得的 RMSE 和 Score 平均值当作最终实验结果,实验结果如表 2-11 所示。

(3)依据单调性、可预测性和趋势性的线性组合选取传感器数据

文献[99]通过使用单调性、可预测性和趋势性三个指标进行线性组合来选取有意义的传感器。其中,单调性可以表现传感器数据潜在的正向或负向趋势,传感器数据总体的单调性是通过每条趋势路径的正、负导数的平均差值计算获得的。单调性度量值越接近 1,表明这个传感器数据是单调的,对模型预测 RUL 很有帮助。而当单调性度量值越接近 0,表明这个传感器是非单调数据信号,对模型的帮助微乎其微,不适合作训练模型。可预测

性度量值是通过计算每个传感器故障点的偏差，再用偏差除以这个传感器在其全过程生命周期内的平均变化获得的。这个度量值使用指数加权，其值在 0～1 的范围，接近 1 代表这个传感器的可预测性与设备的故障阈值相似，传感器可以被用于预测 RUL，而如果接近 0，则表明该传感器的故障点彼此各不相同，无法被用于预测 RUL。趋势性则是由参与训练的数据轨迹通过计算彼此之间的最小绝对相关性得出。趋势性、单调性和可预测性三个参数进行线性后获得的最终结果共同来确定传感器数据是否对模型的预测有用，通过给予不同的权重并计算这三个参数的和，可以选取最合适的传感器。结果发现，测量值越接近 1，越说明这个传感器可以提供设备有用的退化信息。因此，最终选择传感器 S2、S3、S4、S7、S11、S12、S15、S17、S20 和 S21，实验结果如表 2-11 所示。

表 2-11　实验结果

数据集	单调性和相关性		单调性、可预测性和趋势性	
Matric	RMSE	Score	RMSE	Score
FD001	13.56	292.77	14.3	317.89
FD002	16.26	1 340.56	16.76	1 485.33
FD003	13.77	309.74	14.52	341.69
FD004	18.55	2 080.02	17.99	1 850.85

为了防止模型学习太多无用数据而影响实验效果，我们根据不同的选取指标来选择网络输入数据以训练模型。由于输入数据存在较大差异，这导致模型的学习效果也不尽相同。通过以上实验，我们发现选取不同传感器数据对模型最终的预测结果会产生比较大的影响。因此，合理选取传感器是非常重要的，若将相关性作为选取标准，则选择删除相关性为 0% 的传感器数据获得的模型预测效果较好，而相比另外三种选取传感器的方法，实验发现删除传感器数值不变的测量数据，剩余 14 个传感器监测数据作为输入数据训练模型获得的预测效果是最优的。

2.5.5 实验参数设置

数据集经过归一化、滑动时间窗处理后,数据值被归一化在[0,1],经过滑动时间窗处理生成训练模型的数据量庞大,因此,通常选取小批量(batch size)数据来训练模型。在训练模型时选择将训练数据集再细分为训练集以及验证集,其中选择20%数据为验证集,80%数据为训练集,为了避免模型训练过程中出现过拟合现象,将Dropout技术应用于模型,模型参数详情如表2-12所示。

表2-12 参数设置

数据集	批处理大小	轮次	winsize	Dropout	学习率
FD001	512	20	30	0.2	0.001
FD002	128	30	50	0.2	0.001
FD003	512	20	60	0.2	0.001
FD004	64	20	50	0.2	0.001

由于实验数据具有很强的时间关联性,选取不同的时间窗长度会使得输入模型数据存在差异,进而直接影响模型训练效果以及最终模型RUL预测结果,因此时间窗大小是非常重要的超参数,选择合适的数值会让模型预测效果事半功倍。本章依据领域内最常用的时间窗大小进行对比实验,其中 $winsize \in \{20,30,40,50,60\}$,通过实验结果选取合适的值。在模型实验过程中,FD001~FD004分别选取不同大小的时间窗值,最终获得的实验结果如图2-28所示。

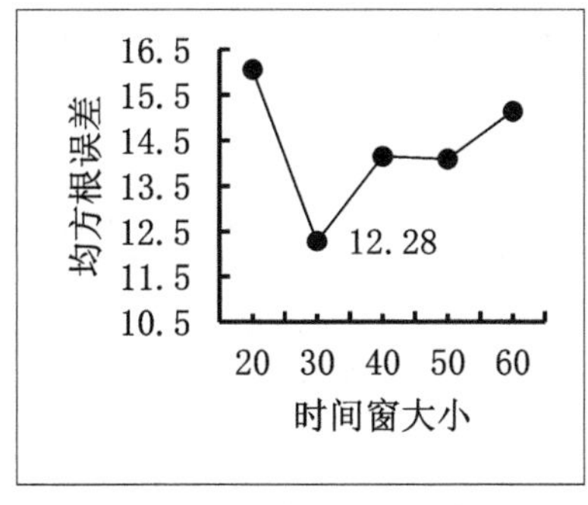

（a）FD001 时间窗大小与 RMSE

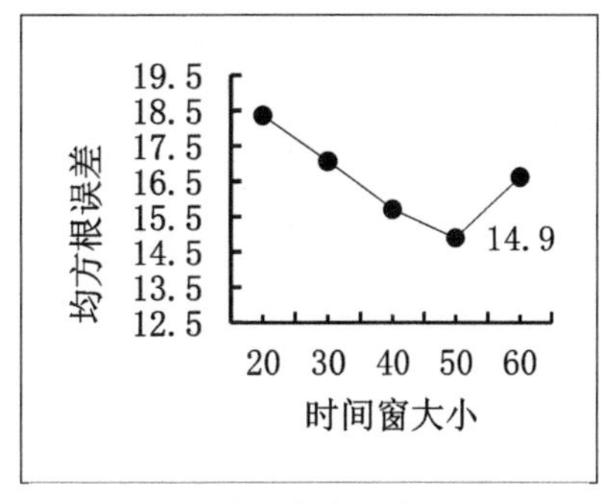

（b）FD002 时间窗大小与 RMSE

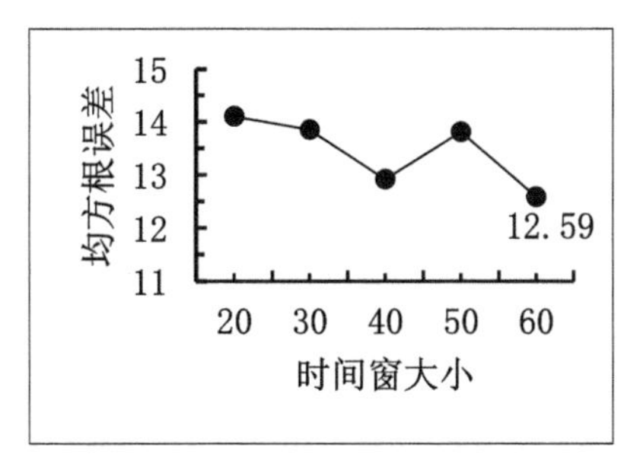

（c）FD003 时间窗大小与 RMSE

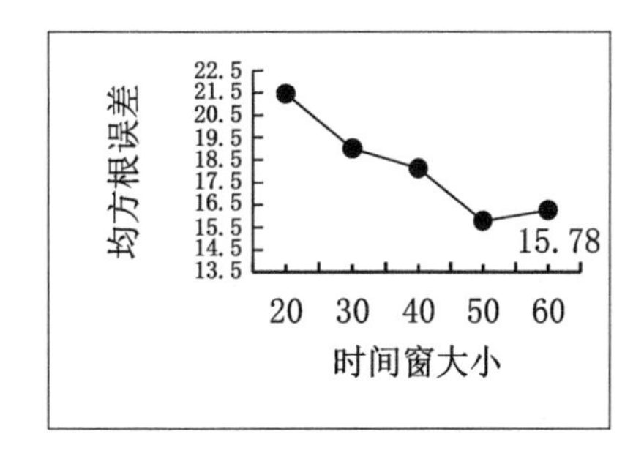

（d）FD004 时间窗大小与 RMSE

图 2-28　时间窗大小与 RMSE

2.5.6　实验结果分析

(1)消融实验

为了验证所提模型的有效性,本章对模型开展了消融研究。具体来说,本章分别对组成模型的三条路径进行 RUL 预测实验,即 $Path_1$ 是提取直观特征后输入全连接网络,$Path_2$ 由 Bi-LSTM 与注意力机制组合而成,$Path_3$ 是注意力机制与深度学习网络的组合。它们用来分别查看每条网络各自的预测效果,由于模型训练会有随机性,因此本章将多次实验获取的平均值作为最终预测结果。实验结果显示第一条路径在 FD002 和 FD004 获得的预测结果比另外两条路径更具有竞争性,将三条路径组合在一起获得的 RUL 预测结果明显优于单独使用一条路径获得的预测结果。消融实验获得的结果如表 2-13 所示。

表 2-13 消融实验结果

数据集	特征提取+全连接网络($Path_1$)		Bi-LSTM+注意力机制($Path_2$)		注意力机制+深度学习网络($Path_3$)		所提方法	
Matric	RMSE	Score	RMSE	Score	RMSE	Score	RMSE	Score
FD001	14.32	308.6	13.78	255.07	13.6	234.66	12.42	224.71
FD002	15.17	1 137.5	15.94	1 285.67	19.01	1 709.01	15.08	1 093.1
FD003	14.78	316.05	14.36	438.68	13.84	344.51	12.64	227.24
FD004	16.45	1 610.34	16.96	1 651.97	21.56	2 518.23	16.1	1 363.7

(2)同其他方法的比较

C-MAPSS 作为领域内 RUL 预测的基准数据集,许多研究者均使用该数据集来验证所提方法的有效性。本章将所提方法的 RUL 预测效果同领域内其他方法进行比较,以验证本章所提模型的有效性。如表 2-14 所示显示了本章所提模型实验获得的两个评价指标值以及其他方法获得的结果值,对比发现本章所提方法整体获得了不错的预测结果。从表 2-14 中能够看出,本章所提模型在 FD003 上获得的 RMSE 实验结果相比 RBM+LSTM 组合模型稍差一些。但同领域内其他方法相比,本模型在所有子集中获得的 RMSE 值均较低,这意味着本模型获得的预测 RUL 值非常接近发动机真实的 RUL 值。发动机的正常运行是保证飞机安全飞行必不可少的要素,预测的 RUL 越接近且大于设备的真实值意味着维护人员能够及时对设备进行维护,可以提升飞机运行的安全性。在表 2-14 中,FD003 上使用特征注意的双向门控循环单元卷积神经网络(feature-attention based bi-directional gated recurrent unit convolutional neural network,AGCNN)相比本方法获得了更低的 Score 值。混合深度神经网络(hybrid deep neural network,HDNN)在四个数据集上 Score 值均较小,但总体来说本章提出的模型在 Score 指标上获得了更低值,尤其是在 FD002 和 FD004 数据集上预测准确性与其他方法相比有较大提升。实验结果证明,本章所提出的方法在 RUL 预测中能够提供更准确的预测结果。

表2-14 不同方法之间实验结果比较

数据集	FD001		FD002		FD003		FD004	
Matric	Score	RMSE	Score	RMSE	Score	RMSE	Score	RMSE
RF[100]	479.95	17.91	70 456.86	29.59	711.13	20.27	46 567.63	31.12
GB[100]	474.01	15.67	87 280.06	29.09	576.72	16.84	17 817.92	29.01
D-LSTM[101]	338	16.14	4 450	24.49	852	16.18	5 550	28.17
BiLSTM[102]	295	13.65	4 130	23.18	317	12.74	5 430	24.86
LSTMBS[103]	481.1	14.89	7 982	26.86	493.4	15.11	5 200	27.11
Matric	Score	RMSE	Score	RMSE	Score	RMSE	Score	RMSE
AGCNN[92]	225.51	12.42	1 492	19.43	227.09	13.39	3 392	21.5
RBM+LSTM[104]	231	12.56	3 366	22.73	251	12.1	2 840	22.66
HDNN[49]	245	13.017	1 282.42	15.24	287.72	12.22	1 527.42	18.156
Our(mean)	224.71	12.42	1 093.11	15.08	227.24	12.64	1 363.72	16.1

图2-29展示了本模型在四个数据集上的预测RUL与真实RUL对比图。由图可知,四个数据集的模型预测RUL值与真实RUL值均非常接近,这证明了所提模型在本领域具有较大的竞争力。由于FD001和FD003只涉及一个运行条件且这两个数据集拥有的发动机测量数据较少,所以FD001和FD003获得的预测效果相比FD002和FD004更好。

图2-29 航空发动机预测RUL与真实RUL对比图

图2-30显示了本章所提模型在四个测试集中获得的误差分布直方图。横坐标显示的是模型预测发动机RUL值同真实发动机RUL值之间做差取得的误差区间,纵坐标显示的是每个误差区域所包含的发动机数量。其中,从图2-30可以观察到FD001发动机获得的误差区域在[-30,40],FD003发动机获得的误差区域在[-30,30],而FD002以及FD004发动机获得的误差区域在[-40,40]。FD002和FD004均涉及6个操作条件,并且发动机数量多,因此对模型预测性能提出了更高要求。从公式中能够发现

Score 函数给予模型滞后预测更大的惩罚，如果模型预测发动机 RUL 值比真实发动机 RUL 值大，即误差值大于零时会获得更高的 Score 值。从图 2-30 可以观察到所提模型获得的误差区间在大于零的范围内发动机数量较少，因此模型预测获得了较低的 Score 值。

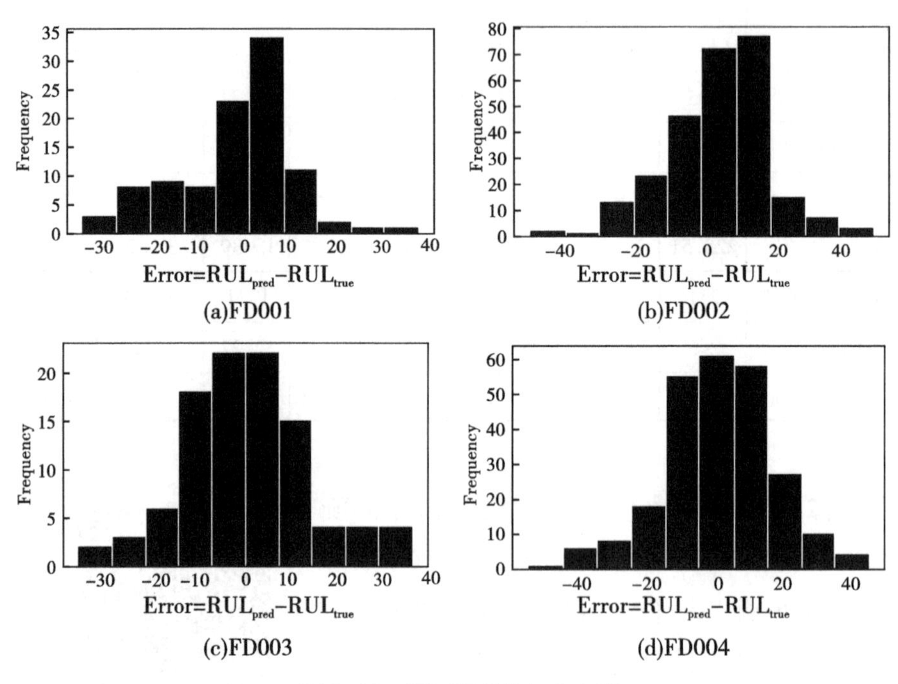

图 2-30　预测误差分布直方图

2.6　本章小结

本章首先介绍了一种基于 LSTM 自编码器和 TCN 结合的 RUL 预测模型，该模型以基于 LSTM 的自编码器作为特征抽取的工具，TCN 模型用作 RUL 预测。我们先从理论角度介绍模型的各个部分，从理论的角度论证实验的可行性；然后详细介绍了实验的具体实现，包括实验数据集的介绍，实验的设置等；最后通过分析所得到的实验结果和领域内优秀的方法进行对比，表明了所提出方法具有一定的价值。接着本章提出了一种基于 TrellisNet 的剩余使用寿命预测方法，首先具体介绍了 TrellisNet 的理论结构,完整地体现了数据的计算过程;之后使用了和之前相同的数据集和评价指标,便于对比所提出的两种方法;最后在实验结果的分析中,验证了TrellisNet 相较于 LSTM 等方法的优势,与单一的 TCN 相比,两者不相上下。随后本章针对基于 Bi-LSTM 的多路径剩余寿命模型进行了具体的实验,多路径模型用于预测航空发动机的 RUL,该模型包含三条并行路径用于提取数据特征,并且介绍了各条路径的具体实现方式。由于时间窗长度设置直接影响模型 RUL 效果,所以本章尝试选取不同窗口大小来探究模型预测性能。此外,由于每个传感器携带的数据存在较大差异,也许输入数据不同会对实验结果产生影响,探究通过不同角度选取传感器数据对模型预测结果的影响程度,研究发现删除值恒定的监测数据,将测量值变化的数据作为输入信息训练模型获得的预测结果是最好的。

第3章 面向锂电池的深度学习剩余寿命预测及荷电状态估计方法

3.1 剩余寿命预测及荷电状态估计的意义

锂离子电池因其相对于其他类型电池的显著优势获得了极大的普及,锂离子电池的优点[105]包括:①重量较轻,高化学反应性,同时具有较高的能量密度;②不需要完全放电就可以充电,不会有任何不利影响(没有记忆效应);③较低的自放电率,在不使用时可以更好地保持电量;④更长的生命周期;⑤环保无污染。这些特点使其成功应用于众多领域中并发挥了重要作用,包括消费电子产品(手机、笔记本电脑等)[106]、医疗设备[107]、汽车行业中的混合动力及电动汽车[108]、飞机[109]、可再生能源(太阳能和风能)的储能[110,111]和太空探索[112]等领域。特别是在航空航天领域,锂离子电池由于减轻了能量存储系统的重量和体积,提高了可靠性并降低了电源系统的生命周期成本,已经成为第三代卫星储能电池[113]。

美国国家航空航天局(National Aeronautics and Space Administration, NASA)和空军也都在航空航天应用中意识到锂离子电池的优点。NASA 已经在一些应用中使用锂离子电池,例如行星着陆器、行星漫游车、行星轨道器、地球轨道航天器[包括同步地球轨道(geostationary orbit,GEO)和低地球轨道(low earth orbit,LEO)],还有宇航员设备等。NASA 的一些飞行任务包括火星探测任务,例如火星着陆器和火星漫游车,火星的微卫星、卫星和侦察器,以及欧罗巴轨道器和太阳探头等一些外行星的任务,这些任务都使用了锂离子电池。此外,还在航空领域用 100 ~ 150 kW · h 锂离子电池的电控系统替换航空飞机现有的液压辅助推进装置(auxiliary power unit,APU)。同样,空军在一些需要轻巧紧凑型电池的应用中,包括在无人机和军用飞机中也使用了锂离子电池。上述所描述的各种航空航天任务对锂电池的需求有显著不同。比如行星着陆器和火星漫游车(与火星探测有关),需要锂离子电池满足电压及容量分别在(16～28 V 和 6～35 A·h)的范围内,能够在(-20～+40 ℃)的宽温度范围内正常工作;外行星和太阳探测器(OP-SP)任务都需要长寿命运行,长达 10～15 年;尽管 LEO 航天器和行星轨道器的局部放电深度为 30%～40%,它们仍然需要非常长的循环寿命(30 000～50 000个循环);一些飞机应用需要相当高的电压(28～300 V)和相当大的容量(30～100 A·h)的电池,这些电池可以在更宽的工作温度范围内运行,即(-40～60 ℃);此外,许多此类电池需要满足特定的严格环境要求,例如振动和冲击等。由于商用锂离子电池不能满足上述许多要求,因此 NASA 集中于在电池性能和尺寸方面进行改进,并特别强调这种大容量电池的安全性[114]。

不可否认,锂离子电池为各个领域的应用带来方便的同时也存在安全隐患,比如三星 Note7 电池爆炸、锂电池充电宝起火等。特别是在航天航空领域,航天器任务失败的主要原因是电源系统故障[115]。造成这些锂离子电池安全事故的原因有很多,其中一个原因就是电池的老化和电池性能的退化。通常,锂离子电池在其充电和放电循环期间性能会逐渐退化,电池退化机制[116-118]包括集电器腐蚀、活性材料的形态变化、电解质分解、固体电解质中间相(solid-electrolyte interphase,SEI)层形成和材料溶解。例如,碳质材料是现代锂离子电池中最常见的阳极材料,循环过程中在碳表面形成的 SE 层会造成大量不可逆容量损失[119,120]。不可逆过程导致持续的容量衰减,最终导致电池故障,特别是在宇航员穿戴设备中,如果锂电池达到失效阈值而没有及时采取更换或维护等安全措施,可能会造成十分严重的后果。因此,针对这种航空航天领域锂离子电池的高可靠和强调安全性等要求,对锂离子电池使用过程中的容量退化和剩余使用寿命预测的研究就变得十分重要,并逐渐成为航空航天领域的研究热点。

为了确保锂离子电池系统可靠地运行,必须有一种方法可以帮助确定电池系统的健康状况,同时预测剩余使用寿命,以便为决策者提供何时移除或更换电池的参考信息。这种用于评估锂离子电池健康状态的系统称为锂离子电池的故障预测与健康管理。锂离子电池 PHM 系统的一项重要任务是实现视情维修,CBM 是一种预防性策略,也就是说只有在需要时才会执行维修任务。通常可以通过不断评估电池的健康状态来确定是否执行 CBM[121]。CBM 包括两个主要任务:诊断和预测。诊断是识别电池故障和当前健康状况的过程,可以描述为对电池 SOH 的估计过程,而预测是估计电池离故障发生还剩余多少时间的过程,它可以描述为对电池剩余使用寿命的预测过程。为避免电池系统运行直至发生故障时出现严重的负面后果,在电池系统的运行中必须包含 CBM,而对电池进行准确的故障预测是 CBM 的关键。电池的故障预测涉及两个阶段,第一阶段旨在评估电池当前的健康状况,第二阶段旨在通过预测 SOH 的退化趋势来计算其剩余使用寿命。因此,RUL 的预测是整个电池 PHM 系统中最重要的也是最关键的任务[122]。关于电池 PHM 系统的整体架构如图 3-1 所示。一般分为以下几个步骤:①电池原始数据的获取,包括电流、电压、阻抗、容量等;②数据的预处理,通过第一步得到的原始数据进行一化等预处理,得到相应特征数据;③健康指标的构建,对特征数据进行处理构建 HI,通常电池的容量是使用最为广泛的 HI,通过 HI 来表征电池的 SOH;④剩余使用寿命的预测,基于 SOH 的估计来预测电池离寿命结束的时间长度,以便为 CBM 提供决策支撑;⑤不确定性问题的处理,将 RUL 的点估计预测变为区间估计预测,使 RUL 预测的结果具有不确定性表达能力。

在图 3-1 中的锂离子电池 PHM 任务中,RUL 预测是为 CBM 提供决策支撑的最终依据,准确地预测 RUL 是电池 PHM 架构的核心任务。

图 3-1 锂离子电池 PHM 整体框架示意图

由于不同化学物质的锂离子电池遵循不同的退化路径,有关锂离子电池的故障模式的信息很多。由不同制造商设计的即使化学性质相同的电池通常也无法提供相同的性能。每个单体电池的退化过程都不同,其对应的机制退化模型也不同,基于机制退化模型的锂电池 RUL 的预测方法虽然预测精度高,但准确的机制退化模型往往很难获得。然而,基于数据驱动的锂电池 RUL 预测方法有很多,没有绝对最好的模型,也没有统一的通用模型。如果单纯利用某一种数据驱动的锂电池 RUL 预测方法往往预测性能有限,融合多个数据驱动的 RUL 预测方法可以有效提高预测性能。因此本书以航空航天领域锂电池应用场景为背景,基于电池历史退化数据,不依赖电池机制退化模型,开展数据驱动的锂离子电池剩余寿命融合预测方法研究,以适应航空航天领域这种对锂离子电池的高可靠和强调安全性的要求。相应的研究方法也可以为其他锂离子电池应用领域提供借鉴。

另外,在改善气候变化和促进可持续增长的双重驱动下,面对"能源电力化、电力清洁化"的能源发展趋势,全球都在开展能源转型[199]。汽车尾气排放是造成能源紧张和环境污染问题的主要因素之一,然而未来较长的一段时间内汽车的需求量仍将保持增长的状态。对此我国积极开展工作,制定各项政策以应对此问题并推动能源转型与环境改善。《节能与新能源汽车产业发展规划(2012 — 2020 年)》中指出,培育和发展以电力驱动为主的新能源汽车是有效缓解能源和环境压力的重要途径[200]。从 2010 年到 2020 年的 10 年探索与发展中,电动汽车在汽车市场开始崭露头角并且份额逐年增加,年销量从 17 000 辆增长到了 324 万辆。《新能源汽车产业发展规划(2021—2035 年)》提出,到 2025 年新能源汽车新车销售量将达到汽车新车销售总量的 20% 左右,到 2035 年纯电动汽车成为汽车销售主流且公共领域用车全面电动化[201]。因此在相关政策支持下,电动汽车将会继续得到持续快速的发展。

电池作为电动汽车中最重要、最昂贵的部件,跟随新能源汽车产业以及消费电子设备(如手机、平板等)领域的进步也得到了快速的发展。锂电池在这个过程中凭借其高能量密度、低自放电率、接近零记忆效应、高开路电压和长寿命等优势备受电动汽车的青睐[202]。电池荷电状态是电池管理系统的重要组成部分之一,准确地估计电池 SOC 对于电动汽车的安全可靠运行至关重要[203]。电池组的 SOC 相当于电动汽车的电量计,它可以直接衡量汽车的剩余行驶里程并且保障车辆除电动机外其他电力驱动关键部件的正常运行。同时,电池管理系统需要依靠 SOC 对汽车电池组内不同状态的电池单元进行调节和保护，避免电池过度充电或者放电导致的热反应产生的着火和爆炸隐患，保证电动汽车运行的稳定性，保障用户的安全[204]。然而电池 SOC 不能直接测量，只能通过电池端电压、充放电电流及内阻等参数来估算其大小，同时电池 SOC 还会受到电池老化、环境温度变化以及多样的汽车行驶状态等多种不确定因素的影响[205]，因此如何准确地估计电池的 SOC 是一项复杂和亟待解决的任务。

近几年，随着图形处理器（graphics processing unit，GPU）的快速发展，对超大数据的处理成为可能，推动了深度学习（deep learning，DL）的应用和发展。深度学习技术凭借其强大的特征提取和拟合非线性关系的能力在图像处理、自然语言处理等领域取得了重大成果。目前，许多研究者开始着力于将深度学习算法应用于锂电池 SOC 估计中[206]，借助深度学习的优势，实现高效准确地估计 SOC，以保障电动汽车用户的安全性并提升驾驶体验。但是目前这些方法仍不够成熟，还无法部署并应用于实际的车载系统中。因此，本章将以电动汽车的锂电池 SOC 为研究对象，完善基于深度学习的锂电池 SOC 估计方法的研究，为电动汽车车载锂电池的 SOC 估计提供一种新的基于人工智能的解决方案，加速人工智能在该领域的实际应用及推广。

3.2 剩余寿命预测及荷电状态估计的研究现状

目前已经有很多机构开展了针对锂离子电池剩余寿命的预测方法研究，包括国内的很多高校及研究所，比如北京航空航天大学、哈尔滨工业大学、四川大学、北京理工大学、上海交通大学、中国科技大学、吉林大学、武汉科技大学、昆明科技大学、香港城市大学、隶属于中国航天科技集团的上海空间电源研究所和中国电子科技集团所属的第十八研究所等。国外也有很多研究机构，比如美国国家航空航天局、美国马里兰大学、美国爱荷华州立大学、美国北达科他州立大学、美国南卡罗来纳大学、日本筑波大学、新加坡国立大学、新加坡科技与设计大学、意大利米兰理工学院、印度理工大学等。

针对电池 RUL 的预测方法有很多，比如 Goebel 等[123]提出了一系列从概率回归模型到粒子滤波的基于数据驱动和基于物理模型的电池 RUL 预测方法。然而,由于存在数据的不可用性和电池模型的复杂性等问题,目前还没有所谓的最佳预测电池 RUL 的通用模型。RUL 预测方法大致可以分为三类:第一类是根据被预测对象自身的物理、化学或经验等系统机制模型构建的 RUL 预测方法;第二类是不需要特定系统机制模型,而完全依据历史特征数据构建的数据驱动的 RUL 预测方法;第三类是融合方法,也就是多种 RUL 预测方法通过不同方式融合在一起的一类方法,也是本书研究的主题。不同的 RUL 预测方法总结如图 3-2 所示。

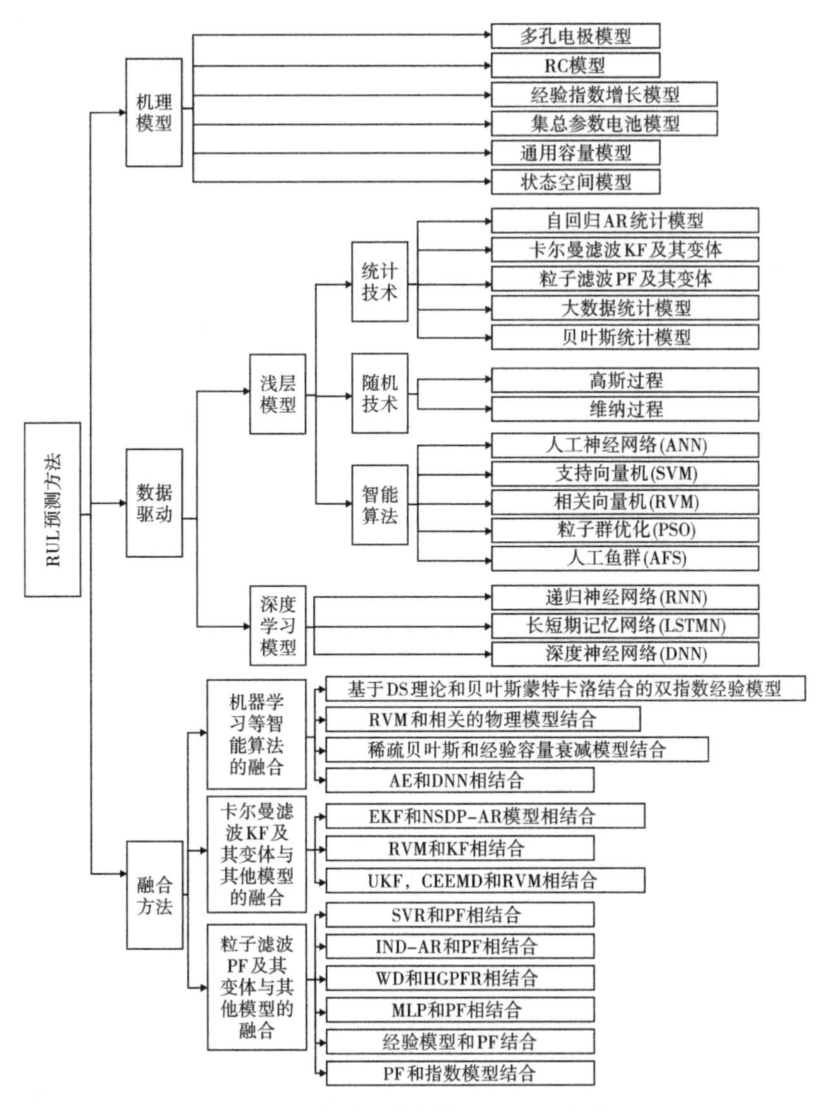

图 3-2　锂离子电池的 RUL 预测方法

另外,以上三类方法又可以分为离线和在线两种情况,一般对于有大量历史数据并且实时性要求不高的场合多数采用的是离线模型,离线模型可以对大量的历史数据进行充分的训练,以提高模型的准确率,而对于实时性要求较高的场合,不太适合利用大量历史数据进行离线学习,更多的是采用在线模型对实时数据进行学习。

3.2.1 基于机制模型的方法

基于机制模型的方法侧重于通过建立影响电池寿命的退化过程的物理模型来识别可观察量与感兴趣指标之间的对应关系。例如,Santhanagopalan 和 White 采用了一种严格的高速率限制的多孔电极模型,同时用到了无味滤波器[124]。An 等[125]考虑了锂离子电池电阻退化的经验指数增长模型,使用标准粒子滤波器和重采样技术测量描绘不同时间间隔的系统健康状态的退化数据。Su 等[126]用两种经验指数模型来预测,用 PF 优化模型相关参数,得到了不错的效果。Dalal 等[127]提出了一种基于 PF 的集总参数电池模型来描述电池的开路电压、电流、温度等动态特性。Hu 等[128]采用简化的等效电路模型,应用高斯-厄米特粒子滤波器(Gauss - Hermite particle filter,GHPF)技术跟踪容量衰减趋势并预测未来的容量值,这是粒子滤波技术的一个扩展。Li 等[129]也利用 GHPF 技术来估计电池荷电状态,这项技术的使用不仅提高了估计精度,而且减少了采样粒子的数量,降低了算法复杂度。Li 等[130]提出了一种基于拟合充电曲线的通用容量模型,估算了锂离子电池的 SOH。Miao 等[131]开发了基于统一粒子滤波(unified particle filter,UPF)的退化模型来预测锂离子电池的 RUL,所提出的模型在预测 RUL 时具有比 PF 方法更好的精度,误差小于 5%。Wang 等[132]提出了基于球形立方粒子滤波(spherical cubature particle filter,SCPF)的状态空间模型来检验 26 个锂离子电池的 RUL,所提出的模型在预测精度方面优于 PF 方法。以上基于机制模型的 RUL 预测方法可以在相对稳定的外部条件下很好地提高预测的准确性,但是模型的准确性很容易受到可变电流和温度的影响,而且在不同外部条件情况影响下,很难获得准确的机制模型。

3.2.2　基于数据驱动的方法

数据驱动方法旨在基于可用数据自适应建立的一些近似模型来映射上述机制模型的输入数据与输出数据之间的关系，例如统计模型、神经网络、高斯过程回归、支持向量回归(support vector regression，SVR)和模糊推理等。这些数据驱动的近似模型可以按照模型的学习能力的强弱大致分为浅层机器学习模型和深度学习模型两类，结合使用的技术不同又可以细分为以下几类。

(1)统计技术

自回归(auto-regressive model，AR)统计模型及其变体(ARMA 和 ARIMA)一般是通过建立线性模型来处理时间序列问题，将未来的状态值视为过去的状态值和随机误差的线性函数[133]。Long 等[134]提出一种基于 AR 模型的锂离子电池 RUL 预测方法。Liu 等[135]提出了一种非线性退化自回归(ND-AR)时间序列模型用于锂电池的 RUL 预测，并且使用正则化 PF 处理不确定性问题。Zhou 等[136]将 ARMA 模型用于锂电池的 RUL 预测中，结合经验模式分解(empirical mode decomposition，EMD)将全局退化趋势和 SOH 分离，从而得到 RUL 和 SOH。

卡尔曼滤波(Kalman filtering，KF)和粒子滤波(particle filter，PF)也是两个非常重要的统计方法，它们不仅在机制模型的 RUL 预测中发挥着重要的作用，而且在基于数据驱动的方法中也有一席之地。KF 的思想是用已知的数据来预测未来的数据，但是受到的噪声影响必须是高斯噪声。由于加入了噪声的因素，这样就比马尔科夫模型(Markov model，MM)更加接近现实的情况，预测的曲线也就与实际的曲线更加吻合。He 等[137]提出了基于无迹卡尔曼滤波(unscented Kalman filter，UKF)方法用来对锂电池进行 RUL 预测。Yan 等[138]提出了基于勒贝格采样的扩展卡尔曼滤波器(LS-EKF)用于对锂电池的 RUL 预测。为了进一步提高预测的精度，相关的研究人员将目光转向了 PF。

PF 算法的思想来自蒙特卡洛思想，简单来说，即用事件的频率来近似表达事件的概率。PF 主要的优点是能够以现在的数据预测未来的相关数据,而且数据的分布可以是任意的,不局限于高斯分布,比 KF 更加符合相关的实际情况。Hu 等[139]将 PF 技术结合核平滑(kernel smoothing,KS)方法用于锂电池的 RUL 预测,所提出的方法可以同时估算退化模型中的退化状态和未知参数,通过实验得到所提出的方法比传统的 PF 方法表现得更加出色。Zhang 等[140]提出了一种基于马尔科夫链蒙特卡洛(Markov chain Monte Carlo,MCMC)的改进的无迹粒子滤波器(improved unscented particle filter,IUPF)的锂离子电池 RUL 预测方法,该方法利用 MCMC 解决 UPF 算法中的样本贫化问题。Su 等[141]提出了一种交互式多模粒子滤波(interacting multiple model particle filter,IMMPF)用于对锂电池进行 RUL 预测,通过与传统的 PF 进行对比,所提出的方法具有更高的精度。2017 年 Zhang 等[142]提出了一种新的 UPF 用于锂电池的 RUL 预测,相比传统的 PF,预测的结果更加准确。Yu 等[143]提出了基于量子粒子群优化(quantum particle swarm optimization,QPSO)算法的粒子滤波 PF 用于锂电池的 RUL 预测,通过与传统的基于粒子群优化 PSO 算法的粒子滤波 PF 方法的对比,表现出了较好的结果。Ma 等[144]提出基于高斯-厄米特粒子滤波器 GHPF 的锂电池的 RUL 预测方法,与传统的 PF 相比,所提出的方法具有更高的精度。

另外还有其他一些统计方法,比如 Thomas 等[145]基于加速老化实验的数据开发了一种统计模型[145]。Zhao 等[146]基于大数据统计方法开发了一种新颖的电动汽车电池系统故障诊断方法。Ng 等[147]建议使用基于朴素贝叶斯(naive Bayes,NB)的锂离子电池退化模型来预测不同电流速率和环境温度下的 RUL。

(2)随机技术

高斯过程(Gaussian process,GP)是具有联合多元高斯分布的随机变量的累积损伤过程。He 等[148]提出一种多尺度高斯过程回归(Gaussian process regression,GPR)用来对锂电池进行 RUL 预测,实验结果表明比传统的 GPR 有更好的效果。Li 等[149]提出了一种基于高斯过程混合(Gaussian process mixture,GPM)的新型 RUL 预测方法,它的主要思想是:分别将不同的轨迹段与不同的 GPR 模型拟合,从而用于处理多模态问题,而且 GPM 还可以产生预测的置信区间,实验也说明所提出的方法比传统的 GPR 要优秀。

Liu 等[150]使用 GPR 来捕捉 SOH 的实际趋势,包括整体容量退化趋势和局部再生。

维纳过程是描述布朗运动的模型,它是一个马尔科夫过程,也是经常使用的随机过程模型。Tang 等[151]采用具有测量误差(WPME)的维纳过程开发了一种新的 RUL 预测方法,文献中 RUL 退化模型可以表示为:$Y(t) = X(t) + \varepsilon = \lambda t + \sigma B + B(t) + \varepsilon$ 。

其中,$Y(t)$代表具有测量误差的退化阶段,$X(t)$是没有测量误差的退化步骤,ε 是测量误差,λ 代表漂移参数。σB 是扩散参数,$B(t)$是标准布朗运动。具有漂移参数的不确定性和分布的截断的正态分布用于 RUL 的预测。然后,使用最大似然估计来提高参数的估计效率。使用多个实例验证了模型的有效性。随机过程可以更好地评估锂离子电池的健康退化过程。然而,当算法考虑随机电流、时变温度和自放电特性的影响时,实现精确预测仍然是一个挑战。

(3)智能算法

Wu 等[152]提出一种采用神经网络(neural network,NN)来模拟恒定电流下的电池充电曲线和电池 RUL 之间关系的在线模型。虽然 NN 的预测效果很好,但是其计算量大,会出现局部最优的问题,下面介绍的支持向量机避免了 NN 局部最优的问题,表现出了更好的性能。

SVM 的优势在于只需要少量的训练数据,由 SVM 训练最终得到的支持向量决定了计算量的大小,也就在一定程度上减少了维度灾难的问题。Patil 等[153]采用支持向量回归技术实现在电池接近寿命终止时预测准确的 RUL。Wang 等[154]提出了基于灵活支持向量回归(flexible support vector regression,F-SVR)的非迭代预测模型和基于 SVR 的迭代多步预测模型用于锂电池的 RUL 预测,能够将低维度的数据用作输入得到很好的预测结果。Klass 等[155]提出了将 SVM 应用到电动车辆的锂电池 RUL 预测,所提出的方法适用于处理能力和存储器限制的机载应用锂电池。Li 等[156]将 SVM 应用到锂电池的 RUL 预测上,通过实验对比,它比传统的神经网络预测的精度更高,计算量更少。Zhao 等[157]提出了两个新的健康指标,相等充电电压差的时间间隔(TIECVD)和相等放电电压差的时间间隔(TIEDVD),结合特征向量选择和 SVR 对锂电池的 RUL 进行预测。虽然 SVM(或 SVR)表现出色,但是它不适合用于大数据的处理,而且对 RUL 的估计是点估计。接下来介绍的 RVM 不仅训练所需要的时间短,而且获得的 RUL 估计是概率估计,因此它得到了相关研究人员的青睐。

Widodo 等[158]将放电电压样本熵(sample entropy,SampEn)特征用作 RVM 的输入,用来预测锂电池的 RUL。Hu 等[159]提出了一种稀疏贝叶斯学习方法,将充电电压和电流用作 RVM 的输入来估算可植入医疗设备锂电池的 RUL,所提出的方法在实时 RUL 预测中表现出色。Liu 等[160]提出了一种仅需要锂离子电池工作参数的 HI 提取和优化框架,用于电池退化建模,其中 RVM 用作 RUL 估计。Wang 等[161]提出了一种基于 RVM 算法的容量退化模型用于预测锂离子电池 RUL,取得了不错的预测结果。

使用机器学习等智能算法来预测 RUL,是数据驱动方法中用得最多的一种方法,多数情况下取得了比统计技术更好的结果。然而,该类方法大多缺乏对预测结果不确定性的分析。

(4)深度学习模型

上述三类方法虽然在锂电池 RUL 的预测中得到了广泛使用,但是都不能处理大量的数据,限制了其在现实中的应用,近年来深度学习方法逐渐崭露头角,对于大数据的处理正是它们的特点和优势。

递归神经网络在处理时间序列数据上有着独特的优势,而且 RNN 能够将先前的信息存储到记忆单元中并且运用到现在的相关任务中。Liu 等[162]利用锂电池阻抗谱数据输入到自适应 RNN 中,用于锂电池的 RUL 预测。Eddahech 等[163]将 RNN 运用到电动车和混合动力车辆的锂电池 RUL 预测上,得到了不错的效果。虽然 RNN 表现优秀,但是由于其本身网络结构带来的梯度消失和梯度爆炸问题很难解决,相关的研究人员将目光转向了它的变体长短期记忆网络。

LSTMN 将所有的信息通过门结构进行处理,遗忘门的功能是决定是否保留信息,输入门的功能是更新细胞状态,输出门的作用在于确定下一个隐藏状态的值。LSTMN 的门机制避免了梯度消失和梯度爆炸的问题。张等[164]提出基于 LSTMN 模型的 RUL 预测方法,使用了各种锂离子电池在不同的电流和温度下的实验数据对模型进行验证,该模型不依赖离线训练数据,取得了较为满意的 RUL 预测结果。

深度神经网络(deep neural networks,DNN)是深度学习中的一个基础模型。Khumprom 等[165]采用 DNN 预测电池的 SOH 和 RUL,并与其他机器学习算法,如线性回归(linear regression,LR)、k-近邻(k-nearest neighbors,k-NN)、支持向量机和人工神经网络(artificial newral network,ANN)进行比较,取得了更好的预测结果。

深度学习模型虽然具有处理大数据的能力,并且具有比浅层模型更强的学习能力,但它也同样存在缺乏对预测结果不确定性的分析。

3.2.3 融合方法

融合方法旨在结合两个甚至多个方法的优点,试图克服各类单一方法的局限性,从而通过更好地利用所有可用信息来提高诊断和预测的准确性。融合方法大致可以分为两大类:第一类是基于滤波技术(卡尔曼滤波或粒子滤波及其变体)的融合方法;第二类是基于机器学习等智能算法的融合方法。

基于卡尔曼滤波框架的融合方法有 Liu 等[166]提出的将扩展卡尔曼滤波器(EKF)和基于非线性尺度退化参数的自回归(NSDP-AR)模型融合的锂电池 RUL 预测方法。还有 Zheng 等[167]提出的一种基于非线性时间序列预测模型和无迹卡尔曼滤波(UKF)算法结合的 RUL 预测方法,由 UKF 和短期容量递归更新电池模型的状态,所提出的模型验证了比 EKF 更高的准确性和可靠性。Song 等[168]将 RVM 和 KF 融合用于锂电池的 RUL 预测,由于 RVM 短期预测出色,而长期预测较差,提出了一种迭代更新方法,以改善电池 RUL 预测的长期预测性能。Chang 等[169]结合 UKF、经验模式分解(empirical mode decomposition, EMD)和相关向量机(relevance vector machine,RVM)来预测锂离子电池的 RUL。另一个有趣的工作是采用结合卡尔曼滤波器和高斯分布状态空间的布朗运动技术来进行电池 RUL 预测[170]。

PF 技术框架的融合方法相比卡尔曼滤波得到了更多研究人员的青睐。

Dong 等[171]结合布朗运动(Brownian motion,BM)的退化模型和 PF 进行锂电池 RUL 的预测,通过与高斯过程回归方法相比,该方法具有更好的性能和更稳健的预测结果。Zhang 等[172]结合指数模型和 PF 算法对锂电池进行 RU 预测,与自回归积分滑动平均(auto - regressive integrated moving average model,ARIMA)模型等算法相比具有更高的预测精度。Guha 等[173]将经验模型和 PF 结合起来用于锂电池的 RUL 预测。Dong 等[174]提出了 SVR 和 PF 融合的方法用于锂电池的 RUL 预测,得到的实验结果比传统单一的 PF 更好。Song 等[175]提出了一种 IND-AR 模型和 PF 算法的混合方法,适用于非线性退化估计,能够改善锂电池的 RUL 长期预测性能。Li 等[176]将 GP 和 PF 相结合,把不同条件下的数据融合作为 GP 模型分布学习的输入,最后用 PF 完成对锂电池 RUL 的预测。Zhang 等[177]将 RVM 和 PF 相结合用于锂电池的 RUL 预测,通过所提出的方法可以将训练数据减少到整个退化数据的 30%,减少了整体所需要的时间。还有一种融合策略是将 EKF 或 PF 算法中表示系统的动态行为的状态方程或测量方程的机制模型替代为数据驱动的合适模型。例如,Charkhgard 和 Farrokhi[178]提出了 EKF 和离线训练的神经网络的组合,而 Daroogheh 等[179]使用 PF 代替 EKF。还有 Bai 等[239]设计了一种新的基于人工神经网络的电池模型,并将其与卡尔曼滤波相结合。这些方法基于以下考虑:基于机制模型和替代模型都需要在一些可用的观察数据的基础上识别合适的模型参数。然而,机制模型的分析推导非常耗时,替代模型则不需要任何机制分析推导,通常计算速度更快,特别是对于数值模型而言,这一点特别适合实时应用[180]。Cadini 等[105]利用粒子滤波和多层感知器(multi layer perceptron,MLP)神经网络提出了一个实时的 RUL 预测框架,其中 MLP 用于替换 PF 的观测方程。

基于机器学习等智能算法的融合方法也有很多。Yang 等[181]将 RVM 和相关的物理模型进行融合对锂电池进行 RUL 预测。Hu 等[107]介绍了植入式医疗设备中锂离子电池的故障预测研究,采用混合数据驱动和机制模型的方法来进行寿命预测,它由两个模块组成:稀疏贝叶斯学习用于从电荷相关特征推断容量(数据驱动模块);递归贝叶斯过滤用于更新经验容量衰减模型(机制模型模块)。He 等[182]开发了一个基于 DS 理论(dempster - shafer theory,DST)和贝叶斯蒙特卡罗(Bayesian Monte Carlo,BMC)的双指数经验退化模型来预测 RUL,DST 用于初始化训练数据集的参数,BMC 用来更新模型的参数。还有一些方法通过使用非线性最小二乘(non - linear least squares,NLLS)估计电池机制退化模型的参数来预测 RUL[183,184]。Ren 等[185]通过结合自编码器(autoencoder,AE)和 DNN 进行锂电池的 RUL 预测,其中 AE 用于多维度的特征提取,DNN 用于多组锂电池的 RUL 预测。Peng 等[186]将小波去噪(wavelet denoising,WD)方法和混合高斯过程函数(hybrid Gaussian process function regression,HGPFR)融合对锂电池进行 RUL 预测,其中 WD 用于减少噪声的影响,通过对比实验,比 HGPFR 模型具有更小的均方根误差值,证明了提出方法的有效性。还有一些方法采用了智能优化算法对预测模型进行参数调优,比如 Chen 等[187]开发了一种基于自适应浴盆形函数(adaptive bathtub - shaped function,ABF)的定量方法预测 RUL,所提出的模型通过归一化的容量预测曲线和历史实验数据进行了验证,ABF 曲线的最佳参数由人工鱼群(artificial fish swarm,AFS)算法确定,并取得了较满意的预测结果。Long 等[134]用粒子群优化 PSO 算法对 AR 模型相关的参数进行优化,并运用到锂电池的 RUL 预测中。

总体来说,锂离子电池 RUL 的融合预测方法逐渐成为本领域目前主流的方法,是锂离子电池 RUL 预测的重要研究方向之一[188]。

下面开始介绍荷电状态估计方法的研究现状。

3.2.4　传统的荷电状态估计方法

(1)库仑计数法

库仑计数法是估计电池 SOC 最简便有效的方法,易于实现且功耗低。该方法基于电池充放电时电流与时间的积分,根据流入或流出电池的电流,通过记录剩余电荷的变化来测量电池剩余容量,其测量 SOC 的数学表达式如式(3-1)所示。

$$SOC = SOC_0 - \frac{1}{C_E}\int_0^t \eta I(t)\,dt \tag{3-1}$$

式中,SOC_0为电池开始使用时的初始荷电状态; C_E 为电池的额定容量; t 为电池使用时的时间刻; $I(t)$ 为 t 时刻时电池的充放电电流状态; η 为电池库伦效率系数,即电池的充放电效率系数。

然而,库伦计数法是一种开环算法,由于噪声、温度、电流等不确定因素的干扰,会引起显著的误差[207]。在使用时必须依赖高精度的电流传感器来避免测量误差积累导致的估计偏差,并且如何确定 SOC 的初始值也存在困难,这都将导致累积效应[208]。因为需要通过对电池进行完全放电实现周期性容量校准[209],所以这种非使用状态下的循环消耗会导致电池寿命的缩短。

(2)开路电压法

由于锂电池的 SOC 与活性材料的嵌入量有关,因此可以通过电池充分休息达到平衡后测量的开路电压(open circuit voltage,OCV)来估计 SOC[210]。通常,可以通过实验去拟合出 SOC 和 OCV 之间的关系来建立 OCV-SOC 对照表,并在之后通过该对照表确定不同开路电压下的电池 SOC[211]。

这种方法同样简单且精度高,然而在实际应用中存在两方面问题:一方面是不同类型的电池具有不同的 OCV 曲线,并且 OCV 曲线会随着温度和电池老化而变化[212],导致获得 OCV 对照表的成本高且其准确率会随电池使用时间的增长而不断下降;另一方面是因为开路电压法的应用需要电池经过较长的休息时间来达到平衡条件去获得开路电压,导致该方法无法适用于一直处于行驶状态的电动汽车车载电池。

3.2.5 基于模型和滤波算法的估计方法

由于传统的方法存在局限性,无法很好地应用于车载锂电池 SOC 的估计中,为了实现车载锂电池 SOC 的在线估计,部分研究者提出了结合电池模型和滤波算法的估计方法。该方法通常包含两个部分,包括对 SOC 的估计过程和对估计结果的修正过程,该类方法由电池模型的性能和滤波算法的性能共同决定最终的估计效果[213]。在实现对 SOC 的估计过程中,需要建立一个可靠的电池模型,通常使用电化学模型(electrochemical model,EM)、电化学阻抗模型(electrochemical impedance model,EIM)和等效电路模型(equivalent circuit model,ECM)。在对电池模型估计结果进行修正的过程中,主要通过滤波算法来对前者的估计结果进行误差修正,以提高最终估计结果的精度和鲁棒性。

(1)电池模型

电池的电化学模型涉及多种内部材料,并考虑电动力学和化学热力学的影响,因此经常被用于电池性能分析。电化学模型是从化学机制层面描述锂电池的充放电行为[214],可以数值化描述锂电池内部电化学反应动力学、传质、传热等微观反应。

电池的电化学阻抗模型主要运用电化学阻抗谱(electrochemical impedance spectroscopy,EIS)将电化学过程抽象为电路模型[215]。通过 EIS 测定等效电路的构成以及各元件的大小,来构建一个复杂的等效网络以匹配阻抗谱来描述电池特性。

电池的等效电路模型涉及电感、电阻、电容、电压源、电流源的多种电路元器件知识,是以搭建等效电路的方式描述电池的各种动态变化[216],图 3-3 展示了一个 Rint 等效电路模型。等效电路模型通过设计电池相关电器元件的组合来模拟锂电池的充放电过程,可以避免对电池内部化学过程的计算,所以电池的等效电路模型比电化学模型更为直观。

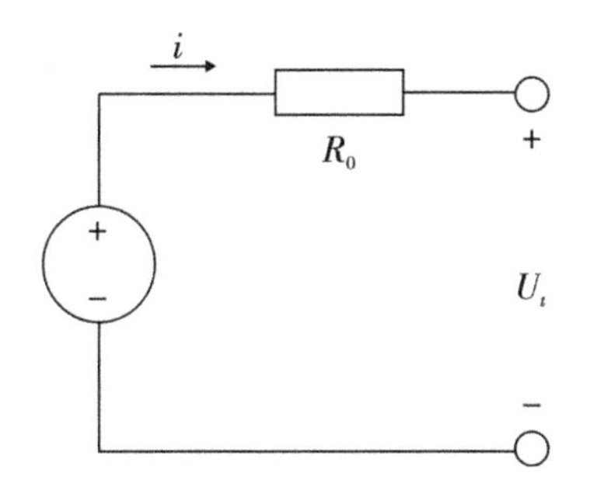

图 3-3　Rint 等效电路模型

(2)卡尔曼滤波算法

卡尔曼滤波是一种精心设计的方法,从不稳定的观测信息中过滤干扰信息。KF 具有自我校正的性质,有助于容忍电流的高度变化,凭借其能够准确估计受外部干扰影响的能力,被应用于电池 SOC 的估计中,实现对电池模型输出的 SOC 进行误差修正[217]。然而,KF 不能直接用于非线性系统的状态预测,需要高度复杂的数学计算,这导致应用时计算成本较高。

为了更好地处理非线性特性,有些工作中使用了扩展卡尔曼滤波[218],利用偏导数和一阶泰勒级数展开对电池模型和状态空间模型进行线性化处理,将模型预测值与电池端电压测量值进行比较,实现对 SOC 的估计进行校正。但是,一阶泰勒级数在系统高度非线性的情况下会产生线性化误差[27],影响 SOC 估计的结果。

面对处于高度非线性状态下电池运行产生的噪声性质无法确定的问题,可以使用无迹卡尔曼滤波算法[219,220]。该算法不需要噪声服从高斯分布,所以能够有效解决在高度非线性的状态空间中模型估计误差较大的问题。UKF 能准确地预测任何非线性系统的三阶以下的状态,所以使用该方法的精度优于 EKF。

3.2.6 基于数据驱动的估计方法

基于数据驱动的方法相比于基于电池模型的方法,不需要研究者了解复杂的电池内部结构和相关知识,减少了在为电池建模时的难度和工作量。该方法依靠大量的电池运行数据来提取电池运行过程中测量变量与对应 SOC 之间的非线性关系,形成一个可以对电池 SOC 进行准确映射的估计模型。根据研究方向的不同,基于数据驱动的方法可以分为基于传统机器学习的方法和基于深度学习的方法。

(1)基于传统机器学习的方法

早期因为计算能力的限制和数据量样本数量的限制,研究者大多围绕传统的机器学习方法对锂电池 SOC 估计问题展开研究,如支持向量机、随机森林(Random Forest,RF)和深度置信网络(deep belief network,DBN)等。

文献[221]将基于 VC 维(vapnik-chervonenkis dimension)和结构最小化理论为基础的 SVM 应用于锂电池 SOC 的估算中,弥补了传统方法估计精度不理想或受外部环境影响大的问题。在此基础上,有研究提出了改进的最小二乘支持向量机(least squares support vector machines,LSSVM)[222],将上一时刻测量到的电流和电压信息以及估计出的 SOC 与当前时刻测量到的电流和电压值作为模型的输入,共同估计当前时刻的 SOC。此外,文献[223]中提出了基于随机森林的 SOC 估计方法,在具有不同老化模式的镍锰钴锂电池上进行了应用和验证，可以在不同循环状态下进行估计。文献[224]中借助DBN强大的非线性拟合能力提取可测量参数与电池SOC之间的非线性关系并结合KF算法消除测量噪声的影响，提高了复杂条件下的模型的估计精度。

(2)基于深度学习的方法

随着深度学习技术的发展，基于深度学习的锂电池SOC估计方法开始成为主流的数据驱动方法。研究者们发现利用深度神经网络拟合非线性关系的能力，可以很好地将深度学习的方法应用于锂电池的SOC估计中。

人工神经网络在1943年由生理学家Mc Culloch和数学家Pitts提出，其思想是模拟人脑神经元处理数据的方式，通过不同的连接方式构成不同的深度神经网络结构。它本质上是由大量神经元组成的具有非线性、适应性能力的信息处理系统。神经网络由输入层、隐含层和输出层三部分组成，对于一个用于锂电池SOC估计的深度神经网络模型，首先需要将电池运行中的可测量参数通过输入层输入给模型，然后根据训练拟合的测量变量与SOC之间的非线性关系，经过隐含层的黑箱处理过程将输入数据直接映射为SOC，并最终通过输出层输出估计结果。图3-4展示了一个用于锂电池SOC估计的神经网络结构。

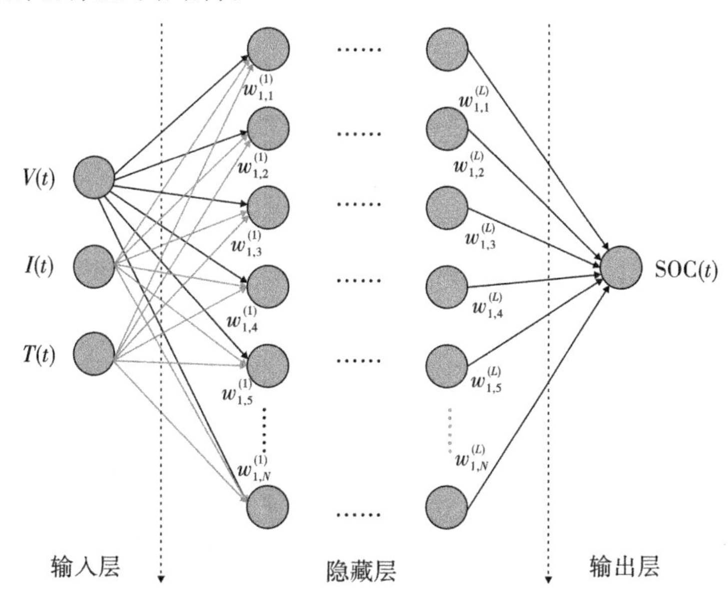

图3-4　用于锂电池SOC估计的神经网络结构

由于电池使用过程中采集到的运行数据是一系列具有时间相关性的序列信息,因此许多研究者的工作围绕循环神经网络展开。RNN 具有记录序列数据中历史信息的能力,通过传入一段时间内的电池运行数据,RNN 模型可以挖掘该时间序列信息中的相关性,为 SOC 的估计提供更丰富的信息。文献[225]和[226]提出了基于长短期记忆网络来进行锂电池 SOC 估计的方法,LSTM 是 RNN 的一个变体,通过其设计的输入门、输出门、遗忘门和记忆单元结构可以记录更长时间的电池运行状态信息,所以基于 LSTM 的 SOC 估计模型表现会优于普通的 RNN 模型。文献[227]和[228]提出了基于双向长短期记忆神经网络(bidirectional long short - term memory network, BLSTM)的锂电池 SOC 估计方法,作为 LSTM 的衍生结构,其能够在前向和后向捕获电池在一段时间内的运行信息,总结过去和未来信息的长期依赖关系,通过更加充分地从时间序列中学习信息,提高了模型估计精度。文献[229]提出了基于门控循环单元神经网络的锂电池 SOC 估计方法,GRU 与 LSTM 一样具有专门设计的记忆单元,但相比 LSTM“三门一单元”的结构,GRU 仅通过重置门和更新门来控制记忆单元,参数更少。因此,GRU 模型不仅有较高的精度表现,且处理速度相对于 LSTM 更快。

同时,也有研究者尝试将卷积神经网络应用于锂电池 SOC 估计问题中,如基于 CNN 和 LSTM 结合的方法[230,231],其中 CNN 用来捕获维度之间的空间特征关系,LSTM 用来提取时间序列关系。此方法通过充分挖掘数据特征信息以提高模型预测精度,具有良好的稳定性和鲁棒性。

此外,也开始有研究者初步探索了迁移学习应用于 SOC 估计中的可能,文献[232]在基于 LSTM 模型的方法上尝试了迁移学习,展示了迁移学习在减少训练时间、提高 SOC 估计精度和减少所需训练数据量方面的前景。文献[233]结合迁移学习和集成学习提出了一种基于深度学习的 SOC 估计方法,首先训练八个使用不同电池数据获得的预训练深度卷积神经网络(deep convolutional neural network, DCNN)模型,之后迁移到目标电池类型数据集上进行训练,最后使用这八个模型构建出一个集成模型,仅通过小规模数据集的训练就可以让模型获得一个好的准确性和鲁棒性。

3.3　基于 BMA 集成 LSTMN 的电池剩余寿命融合预测模型

本节提出基于 BMA 融合多个深度学习模型的预测方法，一方面适应样本数据相对充分的应用场合的需求，另一方面研究基于深度学习模型的融合方法，进一步提高模型的预测性能，同时弥补其缺乏不确定性表达能力的缺陷。本节要集成多个 LSTMN 深度学习模型，接下来需要考虑如何构建多个 LSTMN 深度学习模型。

3.3.1　融合不同单体电池数据的 LSTMN 多模型构建

本节构造 LSTMN 多模型的思路是基于不同数据集训练不同的 LSTMN 模型，但每个模型的基本架构是相同的，即每个模型具有相同的网络层数，每一层网络具有相同的神经元个数。不同的是，不同数据集训练出来的模型的参数不同，从而模型的表达也不同。

具体来说，总共有 4 个电池数据集，假设我们把第 37 号电池作为 RUL 预测的测试数据集，那么其余的第 35 号、第 36 号和第 38 号 3 个电池数据集用来作为训练数据集。然后利用这 3 个电池数据集构成的训练集分别选择 4 个不同的数据子集，每个数据子集分别用来训练对应的 LSTMN 模型，这样就会得到 4 个不同的 LSTMN 模型，分别是 LSTMN1、LSTMN2、LSTMN3 和 LSTMN4。其中，LSTMN1 模型的训练样本子集是由第 35 号和第 36 号电池的数据集组合得到的，组合的方法分为两步：第一步是将两个数据集分别进行向量空间重构得到适合时间序列预测的数据格式，第二步就是将两个重构后的训练样本子集合并成为一个大的训练样本子集即可。同理，LSTMN2 模型的训练样本子集是由第 35 号和第 38 号电池的数据集组合得到的，LSTMN3 模型的训练样本子集是由第 36 号和第 38 号电池的数据集组合得到的，LSTMN4 模型的训练样本子集是由第 35 号、第 36 号和第 38 号电池的数据集组合得到的。

在确定了不同的训练数据子集之后，接下来的工作就是 LSTMN 模型的网络搭建,这部分工作对于选取哪个数据子集没有太大的影响,因此,4 个 LSTMN 模型的网络结构是相同的,如图 3-5 所示。

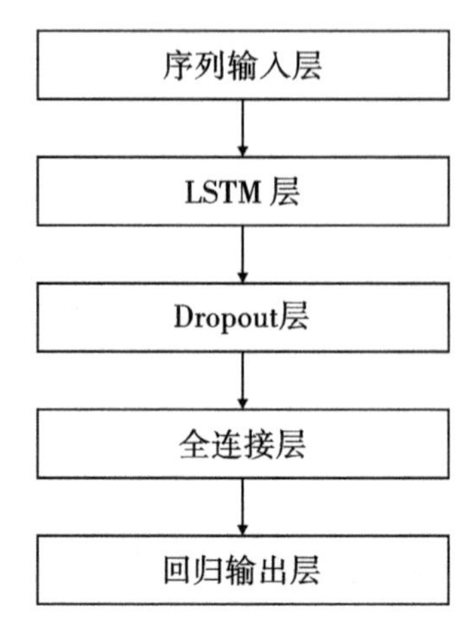

图 3-5 LSTMN 模型的网络结构

一般深度学习模型的深度越深其学习能力越强,也就是 LSTM 层和全连接层堆叠层数越多,其模型预测效果应该越好,但是我们的训练数据样本集只有容量这一个因素作为健康因子,是单维的数据,而且每个训练样本子集平均样本数量在 2 000 左右,样本数量有限,因此,本实验的 LSTMN 模型网络不宜太深,太深的网络反而会使得模型过拟合进而弱化模型的泛化能力。本实验中的 LSTMN 模型采用的是 5 层结构,除了输入层和输出层之外,只需要一个 LSTM 层、一个 Dropout 层和一个全连接层。其中,序列输入层负责将时间序列数据输入到网络中,LSTM 层负责学习时间步序列之间的长期信息,LSTM 层的激活函数选择 ReLU 函数可以有效避免梯度消失等循环网络中的长期依赖问题。Dropout 层可以随机将上一层的一些神经元的连接路径舍弃,这些神经元在训练中就不会影响到后面的网络信息传播,一定程度上降低了网络参数的数量,从而有效地缓解了网络过拟合并且提高网络的泛化性能。在训练过程中,采用随时间反向传播(backpropagation through time,BPTT)的随机梯度下降法(stochastic gradient descent,SGD)进行网络参数的调优。这 4 个 LSTMN 模型的最后一层采用的回归输出层,它的输出只有一个值,也就是用前 N 个时刻的时间序列数据预测下一刻的结果,是 N 对

1 的关系。做出这样的结构改变是为了配合 BMA 算法的集成,接下来对 BMA 集成多个 LSTMN 模型的融合思路进行详细说明。

3.3.2　基于 BMA 的 LSTMN 多模型融合

第 3.3.1 节已经构建了多个不同的 LSTMN 模型,如何有效地对多个模型进行融合是接下来需要考虑的问题。贝叶斯模型平均(Beyesian model averaging,BMA)是一种可以融合多个模型的有效方法,而且相比于普通的融合方法,BMA 还具备不确定性管理能力。近年来 BMA 被广泛应用于各个领域,比如负载需求预测[189]、气候预测[190]、季节性时间序列预测[191]、能源模型[192]、风速预测[193]、降雨量预测[194]、光伏需求预测[195]、太阳能输出功率预测[196]、航空发动机可靠性分析[197]等。这些应用研究表明,基于 BMA 的模型融合方法可以获得比任意单一模型更好的结果。因此,本节提出基于 BMA 融合多个 LSTMN 模型来完成锂离子电池 RUL 预测的方法。

这里需要简单说明一下 BMA 的原理。贝叶斯模型平均是一种可以提供概率密度函数(probability density function,PDF)预测结果的集成统计方法。假设有这样一个线性模型结构,如式(3-2)所示:

$$y = \alpha_\lambda + \boldsymbol{X}_\lambda \boldsymbol{\beta}_\lambda + \varepsilon \quad \varepsilon \sim N(0,\sigma^2 I) \tag{3-2}$$

式中,参数 y 为因变量;$\boldsymbol{X}_\lambda$ 为自变量向量;α_λ 为常量;$\boldsymbol{\beta}_\lambda$ 为系数向量;ε 为服从独立同分布的方差为 σ^2 的误差项。这里定义 $\boldsymbol{X}$ 是一个包含许多潜在自变量向量 $\boldsymbol{X}_\lambda$ 的矩阵,那么就会产生这样一个问题,就是究竟哪些 $\boldsymbol{X}_\lambda \in [\boldsymbol{X}]$ 应该包含到这个线性模型中呢? BMA 针对这个问题的最直接的处理方法是将集合 $[\boldsymbol{X}]$ 中所有可能的自变量组合进行加权平均。比如 $\boldsymbol{X}$ 包含 K 个潜在的自变量,这就意味着有 $2K$ 个自变量组合,也就是会产生 $2K$ 个针对式(3-2)的估计模型。其中,每个模型的权重是由贝叶斯理论中的后验模型概率(posterior model probabilities,PMP)计算得来的,如式(3-3)所示:

$$\begin{aligned} p(M_\lambda \mid y,X) &= \frac{p(y \mid M_\lambda,X)p(M_\lambda)}{p(y \mid X)} \\ &= \frac{p(y \mid M_\lambda,X)p(M_\lambda)}{\sum_{s=1}^{2^K} p(y \mid M_s,X)p(M_s)} \end{aligned} \tag{3-3}$$

这里的 $p(y|X)$ 是所有模型的联合概率，是一个常量，可以看作是一个简单的乘积项。因此，后验模型概率 $p(M_\lambda|y,X)$ 正比于模型的边缘概率 $p(y|M_\lambda,X)$（即给定数据 X 和模型 M_λ 的概率）再乘以一个先验模型概率 $p(M_\lambda)$，这里所谓的先验模型概率是指研究者事先对模型 M_λ 的一个可能发生概率的估计。在这个乘积之后重新进行正则化就得到了后验模型概率，也就得到了任意统计量的模型加权后验分布（例如系数）：

$$p(\theta \mid y,X) = \sum_{\lambda=1}^{2^K} p(\theta \mid M_\lambda,y,X)p(M_\lambda \mid X,y) \tag{3-4}$$

先验模型概率 $p(M_\lambda)$ 必须由研究者引出，并应反映先验分布。如果缺乏先验知识，一种常用的选择是为每个模型 $p(M_\lambda)$ 设置服从均匀分布的统一的先验概率。上述计算过程对于只有少量自变量的模型是可行的，但是对于包含大量自变量的模型来说，就会变得非常耗时。比如，在一个普通 PC 上从 25 个自变量中枚举所有的可能组合构建模型将耗时大约 3 h，如果自变量的数目仅仅增加一倍（从 25 变成 50），这个计算就变得不可行了，50 个自变量总共有大约 1 015 个可能的模型需要考虑。这时候，就需要采用马尔科夫链蒙特卡洛采样方法来尽可能地近似真实的后验模型分布。BMA 多数会采用 Metropolis-Hastings 算法来实现这个 MCMC 采样器的近似采样过程，也就是按照以下步骤在模型空间中“游走”：

假设在第 i 步 MCMC 采样器当前抽取的是后验概率为 $p(M_i|y,X)$ 的模型 M_i，那么在第 $i+1$ 步 MCMC 采样器会以概率 $p_{i,j}$ 来决定下一个候选模型是否会被抽取，$p_{i,j}$ 的概率计算如式(3-5)所示：

$$p_{i,j} = \min[1,p(M_j \mid y,X)/p(M_i \mid y,X)] \tag{3-5}$$

如果模型 M_j 被拒绝，MCMC 采样器会移动到下一步并抽取一个新的模型 M_k 来替换模型 M_i。如果模型 M_j 被接受，它会成为当前的模型直到被下一步中的候选模型替换。在这种模式下，模型 M_i 在每一步中保持不变的次数来近似后验模型 $p(M_i|y,X)$ 的概率分布。

得到每个子模型的后验概率后，我们就可以按照后验概率从大到小排序，然后选择概率最大的前 N 个子模型作为候选子模型，至于 N 的大小的确定没有固定的规则，一般可以设置一个后验概率的阈值，比如可以把后验概率小于 0.01 的子模型舍弃掉，剩下的子模型的个数就是 N 的大小。然后将

这 N 个最有效的子模型融合得到最终的集成结果。假设每个子模型的预测结果是 $f_n(1<n<N)$，那么，我们用每个子模型的后验概率除以所有子模型的后验概率之和作为新的后验概率，新的后验概率命名为 $n(1<n<N)$，也就是每个子模型的权重。最后的集成结果 f_F 可以由式(3-6)计算所得：

$$f_F = \sum_{n=1}^{N} \omega_n f_n \tag{3-6}$$

总的来说，理解贝叶斯模型平均的原理需要清楚几个问题，首先要知道"集成成员"这个概念，比如用 BMA 集成 N 个模型，那么集成成员数目就是 N。BMA 就是针对这 N 个模型如何进行集成来展开工作的。其他的融合方法主要有平均法(N 个成员权重相同)、加权平均(N 个成员权重不同)等，而 BMA 不同，BMA 以成员为最优成员的后验概率作为权重，BMA 的重点是如何获得某变量的后验概率分布，步骤如下：

①依据各成员的相对最优的概率，选择本次计算过程的最优成员；

②利用该成员计算其模型的输出结果，经线性转换得到变量相应的结果；

③重复①、②步若干次得到变量后验概率分布。

那么，回到本节一开始提出的如何集成多个 LSTMN 模型的问题，由以上 BMA 的原理我们知道，首先要确定 BMA 算法的输入变量，这里包括 4 个 LSTMN 模型的输入变量，分别是第 3.3.1 节给出的 LSTMN1 ~ LSTMN4 4 个模型。按照 BMA 的原理，4 个输入变量总共可以有 24 个可能的组合方式(也就是 16 个可能的子模型)，BMA 会从这 16 个子模型中选择最好的前 N 个子模型作为最终 BMA 的子模型，然后进行融合。选择的标准是看每个子模型的后验模型概率 PMP 是否很低，比如小于 0.01 的子模型就会被舍弃掉。我们把剩下的 N 个子模型融合得到最终的 BMA 融合模型。每个子模型的权重系数 n(n 在 1 ~ N 的范围内取值)是通过该子模型的后验模型概率 PMP 除以 N 个子模型的 PMP 之和重新计算得到的，图 3-6 给出了基于 BMA 的 LSTMN 多模型的融合框架。

首先由 M 个不同的训练数据子集构建 M 个不同 LSTMN 模型，然后将 M 个 LSTMN 模型作为 BMA 算法的输入变量，BMA 从 $2M$ 个可能的子模型组合中选择前 N 个后验模型概率最高的子模型作为最终融合的 BMA 子模型，每个子模型按照其对应的权重系数 n(n 在 1 ~ N 的范围内取值)融合得到最后的结果,计算过程见图 3-6。

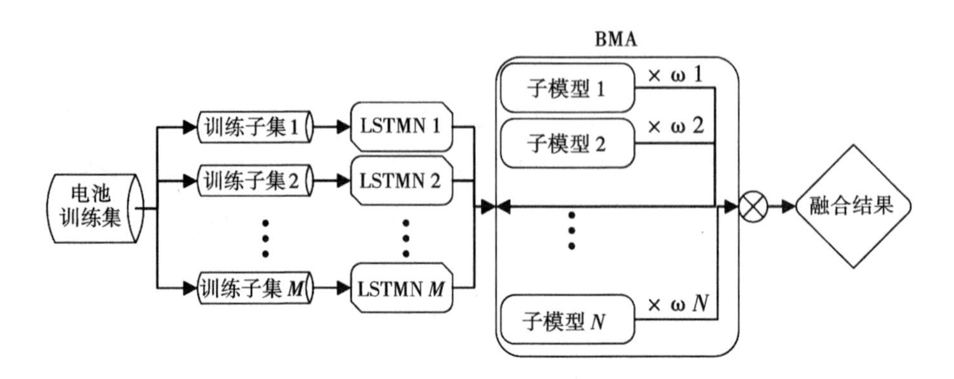

图 3-6　基于 BMA 的 LSTMN 多模型融合框架

3.3.3　预测精度实验与分析

(1)实验数据

本实验同样采用马里兰大学高级生命周期工程中心(Center for Advanced Life Cycle Engineering,CALCE)的 4 个电池数据集,即第 35 号、36 号、37 号和 38 号电池的数据集。

首先采用剩余寿命预测误差(RUL error,RE)作为评价准则。另外,为了与其他采用相同数据集的 RUL 预测实验对比,采用对应文献[95]中的相对精度 RA 作为评价准则。

(2)实验方法

实验硬件环境采用的是频率为 3.00 GHz 的双核 Intel Xeon CPU 和一个 NVIDIA Quadro M2200 GPU。因为 BMA 模型需要用到 R 包,而 LSTMN 模型是在 MATLAB 环境下搭建的,所以软件环境采用的是 MATLAB2018a 和 3.1.2版本的 R 语言的混合编程模式。在训练 LSTMN 模型时,批训练过程中的每一批次大小(batch size)设置为 50,随机梯度下降 SGD 参数调优算法的学习率(learning rate)设置为 0.1,动量(momentum)设置为 0.9。训练迭代终止的标准是 MAE 低于 0.000 1 或者达到最大的迭代次数。LSTMN 模型有

5 层:第一层是序列输入层,由于时间步数(time steps)设置为 39,所以输入层的序列大小(input size)也为 39;第二层是 LSTM 层,LSTM 层的神经元个数(cell size)设置为 10;第三层是 Dropout 层,其 dropout 概率设置为 0.5;第四层是全连接层,全连接层神经元个数(FC size)设置为 20;最后一层是回归输出层,输出大小(output size)设置为 1。LSTMN 模型的具体参数如表 3-1 所示,这些参数是反复实验所得。

表 3-1　LSTMN 模型参数

模型	参数	值
LSTMN	input size	39
	time steps	39
	cell size	10
	batch size	50
	dropout	0.5
	FC size	20
	output size	1
	learning rate	0.1
	momentum	0.9

由于时间步数(time steps)设置为 39,因此输入序列的长度也为 39,也就是说对于一个时间序列输入样本作为 LSTM 层的序列输入数据,最后会输出作为模型的预测结果。其中表示第 i 个周期的电池实际容量。

这里以预测第 37 号电池的 RUL 实验为例,4 个 LSTMN 模型的训练误差如图 3-7 所示。

这里把 BMA 集成的多个 LSTMN 模型的融合模型命名为 BMA-LSTMN,当 4 个 LSTMN 模型训练完成后,我们就可以单独利用每一个 LSTMN 模型分别去预测第 37 号电池的容量退化曲线。然后将每一个 LSTMN 模型某个时刻预测的容量值作为 BMA-LSTMN 融合模型的输入,该时刻的真实容量值作为 BMA-LSTMN 模型输出对应的标签,因为这里的 BMA-LSTMN 模型的标签是该时刻的真实容量,是一个值,不是一个序列,而

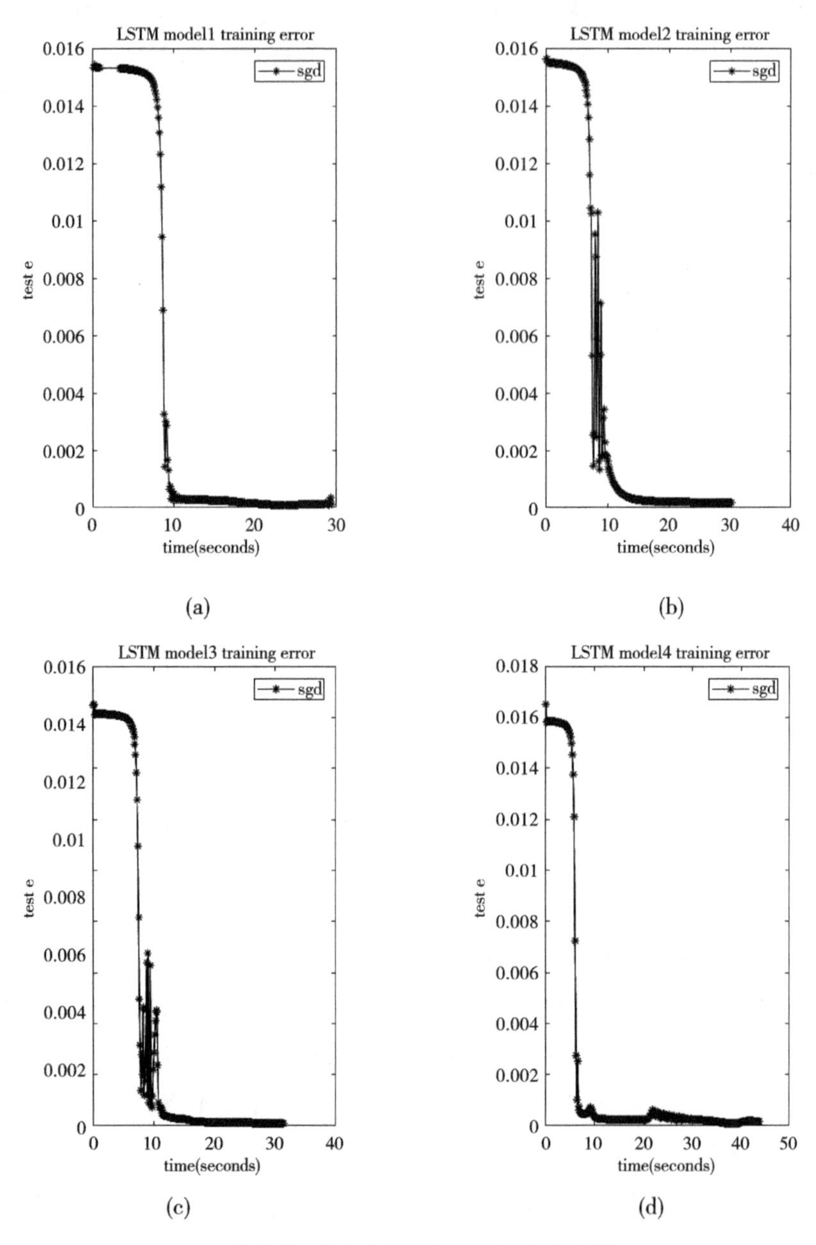

图 3-7　4 个 LSTMN 模型的训练过程

BMA-LSTMN 模型的输入变量对应的是相应 LSTMN 子模型在该时刻的容量预测结果，也是一个值，这就解释了为什么 LSTMN 模型的最后一层的输出大小修改为 1 而不是一个序列。实验中将 37 号电池的第 1～290 周期的数据用来训练 BMA-LSTMN 模型。当 BMA-LSTMN 模型训练之后，就会得到前 N 个性能最好的子模型，然后由各自子模型的后验概率除以 N 个子模型后验概率的和得到新的后验概率并作为模型融合的系数。由式(3-6)可以计算得到 BMA-LSTMN 模型的融合预测结果。

第 37 号电池数据集总共提取了 800 个充放电周期的数据。假设预测起始点 SP 设置为 700，那么未来时刻的容量预测过程可以描述为如式(3-7)所示：

$$
\begin{cases}
\{x_{662}, x_{663}, \cdots, x_{699}, x_{700}\} \rightarrow \bar{x}_{701} \\
\{x_{663}, x_{664}, \cdots, x_{700}, \bar{x}_{701}\} \rightarrow \bar{x}_{702} \\
\{x_{664}, x_{665}, \cdots, \bar{x}_{701}, \bar{x}_{702}\} \rightarrow \bar{x}_{703} \\
\qquad \vdots \\
\{\bar{x}_{761}, \bar{x}_{762}, \cdots, \bar{x}_{798}, \bar{x}_{799}\} \rightarrow \bar{x}_{800}
\end{cases}
\tag{3-7}
$$

由 BMA-LSTMN 模型预测得到的容量退化曲线和失效阈值的直线相交可以得到预测的寿命终止点 EOP，然后可以计算得到预测的剩余使用寿命 RP=EOP-SP，计算过程在前面章节中已做介绍，这里不再赘述。

(3)实验结果

①BMA-LSTMN 模型与单一 LSTMN 模型的实验对比。

基于 BMA-LSTMN 模型的第 37 号电池的 RUL 预测结果与每个单独的 LSTMN 模型的预测结果进行了对比，分别在 SP=300、SP=400 和 SP=500 三个预测起始点进行了比较，如表 3-2 和图 3-8 ~ 图 3-10 所示。以图 3-8 为例，有 5 条分别由 LSTMN1、LSTMN2、LSTMN3、LSTMN4 单模型和 BMA-LSTMN 融合模型在 SP=300 起始点处预测的容量退化曲线与真实退化曲线的对比图。显然，BMA-LSTMN 模型与真实退化曲线拟合得最好，并且真实的退化曲线也全部落在了 90% 置信区间的上限和下限曲线之间，图 3-9 和图 3-10 也可以得出同样的结论。在表 3-2 中，CI 表示置信区间，RP 表示 RUL 预测值，RE 表示 RUL 预测误差。从表中的结果可以看出，4 个单一 LSTMN 模型在三个不同预测点的相对精度 RA 的平均值分别为 89.7%、79.0%、68.7% 和 84.6%，总体上平均为 80.5%，BMA-LSTMN 模型的预测结果的相对精度 RA 平均值达到了 96.0%，高出了 15.5%。

表 3-2 量化比较结果

算法	SP	RT	RP	90% CI	RE	RA	平均 RA
LSTMN1	300	447	387	—	60	86.6%	89.7%
	400	347	333	—	14	96.0%	
	500	247	280	—	33	86.6%	
LSTMN2	300	447	358	—	89	80.1%	79.0%
	400	347	264	—	83	76.1%	
	500	247	200	—	47	81.0%	
LSTMN3	300	447	335	—	112	74.9%	68.7%
	400	347	243	—	104	70.0%	
	500	247	151	—	96	61.1%	
LSTMN4	300	447	373	—	74	83.4%	84.6%
	400	347	288	—	59	83.0%	
	500	247	216	—	31	87.4%	
BMA-LSTMN	300	447	462	-401 523	15	96.6%	96.0%
	400	347	334	-302 366	13	96.3%	
	500	247	259	-238 280	12	95.1%	

图 3-8 第 37 号电池分别基于 BMA-LSTMN 模型与单一 LSTMN 模型在 SP=300 起始点处的 RUL 预测结果对比

图 3-9 第 37 号电池分别基于 BMA-LSTMN 模型与单一 LSTMN 模型在 SP=400 起始点处的 RUL 预测结果对比

图 3-10 第 37 号电池分别基于 BMA-LSTMN 模型与单一 LSTMN 模型在 SP=500 起始点处的 RUL 预测结果对比

上面的结果仅仅是在第300、400和500周期作为预测起始点的结果对比。为了在电池的全生命周期说明预测精度的提高，本节引入文献[198]中的 $\alpha-\lambda$ 指标来进行对比，该指标定义如式(3-8)所示：

$$[1-\alpha]\cdot\gamma_t(t_k)\leqslant\gamma^l(t_k)\leqslant[1+\alpha]\cdot\gamma_t(t_k) \tag{3-8}$$

式中，γ^l 为第l个周期的RUL预测值；γ_t 为真实的RUL值；α 为精度的调整系数。

图3-11显示了精度系数=0.3的 $\alpha-\lambda$ 指标下的预测结果对比，可以看出预测的RUL结果在这个精度指标范围之内。其中，横坐标代表充放电周期，单位是周期(cycle)，纵坐标代表电池剩余寿命RUL，单位也是周期(cycle)。Ground Truth表示真实的RUL，实线两侧的点画线分别表示精度系数=0.3的上下限边界。

图3-11　基于BMA-LSTMN模型与单一LSTMN模型在 $\alpha-\lambda$ 指标下的RUL预测精度对比

可以看到，BMA-LSTMN的RUL预测结果更接近真实的RUL，与单一LSTMN模型相比，所提出的BMA-LSTMN模型可以获得更精确的RUL预测结果。需要说明的是，4个LSTMN模型的第一个预测起始点SP=90，而BMA-LSTMN模型的第一个预测起始点SP=290，之所以不一致是因为BMA-LSTMN模型的训练数据来源于LSTMN的预测结果，本实验选择290周期之前的LSTMN模型的预测结果作为BMA-LSTMN模型的训练数据，所以BMA-LSTMN模型的第一个SP要比LSTMN模型的第一个SP要靠后一段时间。

②BMA-LSTMN模型的不确定性分析。

为了提供更加精确全面的模型结果，BMA可以对模型的不确定性给出量化估计。BMA融合不同LSTMN模型能够获得预测结果序列的概率分布，其中，分布的均值可以作为多模型融合的结果，分布的方差和置信区间反映了不同子模型的不确定性。每个时刻的BMA概率预测的不确定性区间是由蒙特卡洛方法计算产生的。比如90%的不确定性区间可以由5%和95%的分位数之间的范围得到。使用覆盖率(coverage)和区间宽度(interval width)两个指标来表征BMA置信区间的优越性。覆盖率指的是置信区间与包含真实测量数据的比率,值越大表示置信区间结果越好。区间宽度也是一个常用的针对置信区间的评估指标,对于一定的置信区间水平,在保证高的覆盖率的前提下,区间宽度越窄,则结果越好。

从表 3-2 可以看出,三个不同预测起始点的真实 RUL 值都落在了 90% 置信区间之中,比如 SP=300 的真实的寿命终止点 EOL=747,所以其真实的 RUL 就是 747-300=447 个周期。而预测的置信区间是[401,523],显然 447 是在这个区间之内的。同样,SP=400 的真实 RUL 值 347 也落在了其置信区间[302,366]内部,SP=500 的真实 RUL 值 247 页落在了其置信区间[238,280]之内。从图 3-8 ~ 图 3-10 可以看出,90% 置信区间的覆盖率也非常高,几乎达到了 100% 的覆盖率,而且随着 SP 逐渐变大,区间宽度在逐渐变窄。

图 3-12 ~ 图 3-14 分别展示了在 SP=300、SP=400 和 SP=500 处估计的电池容量达到失效阈值(0.3)时的概率密度函数分布。由图可以看出,估计值明显集中在失效阈值附近。

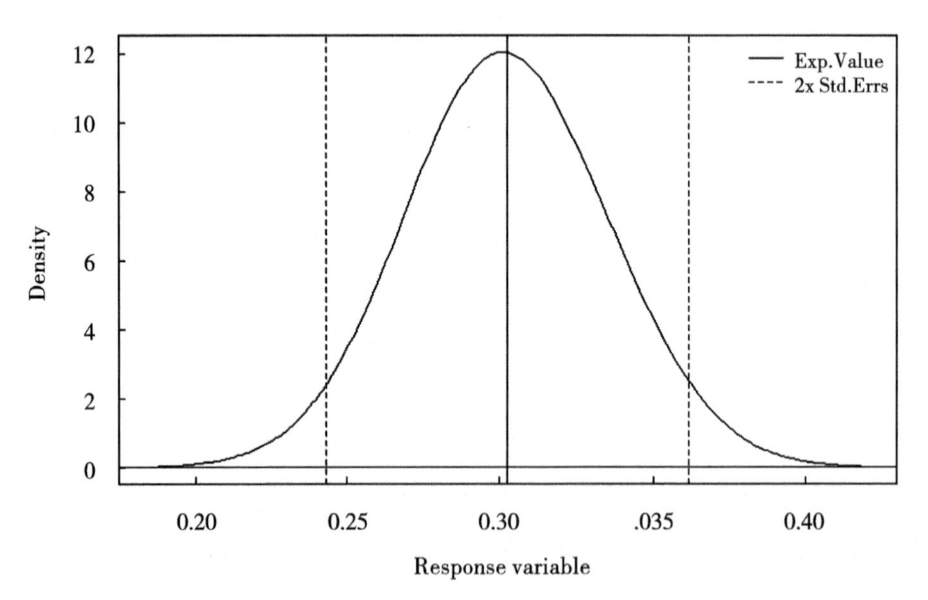

图 3-12　在 SP=300 处估计的电池容量达到失效阈值(0.3)时的概率密度函数分布

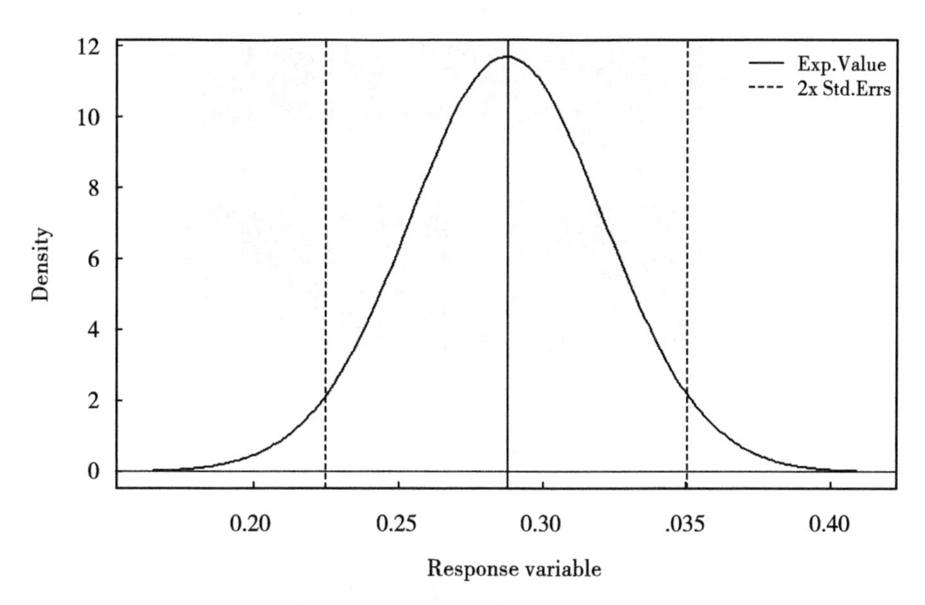

图 3-13　在 SP=400 处估计的电池容量达到失效阈值(0.3)时的概率密度函数分布

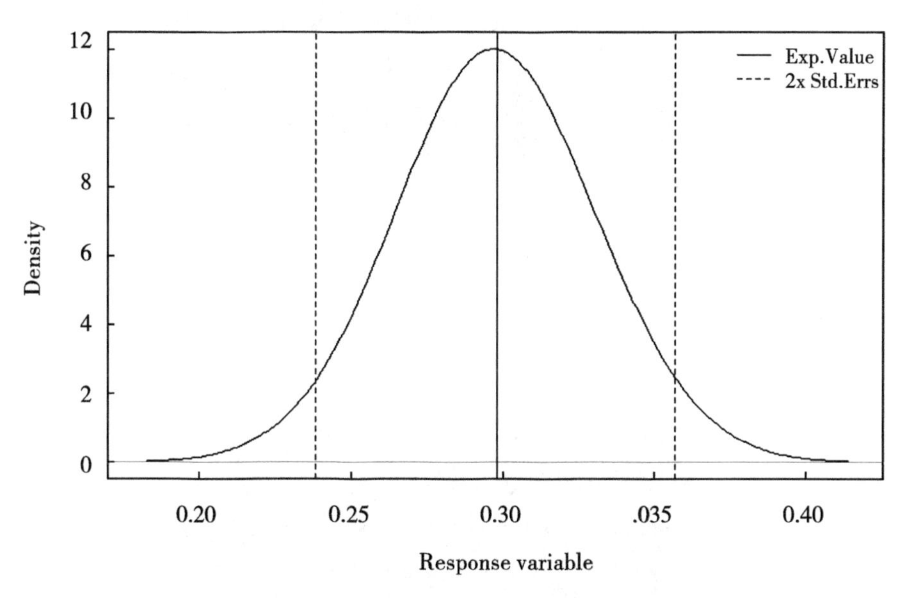

图 3-14　在 SP=500 处估计的电池容量达到失效阈值(0.3)时的概率密度函数分布

图 3-15 ~ 图 3-17 展示了 BMA 在上面三个预测起始点处选择的前 N 个最好的模型。

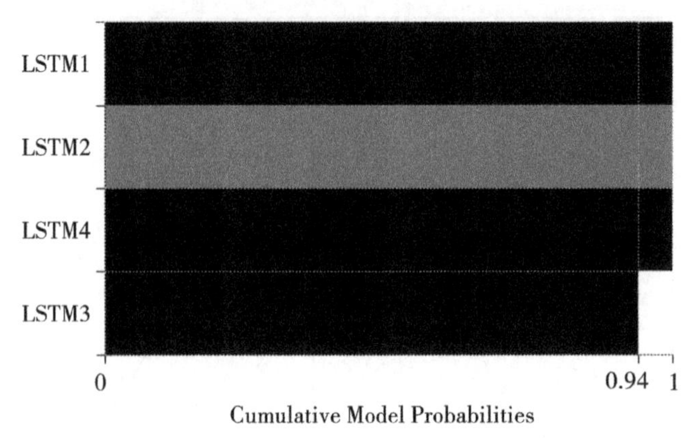

图3-15 在SP=300处BMA选择的前 N 个最好的模型

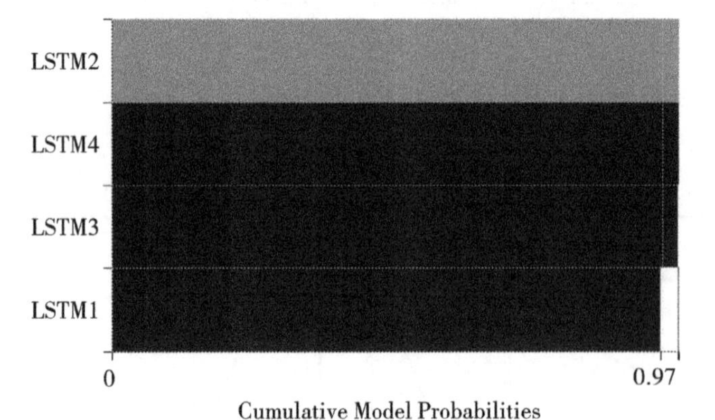

图3-16 在SP=400处BMA选择的前 N 个最好的模型

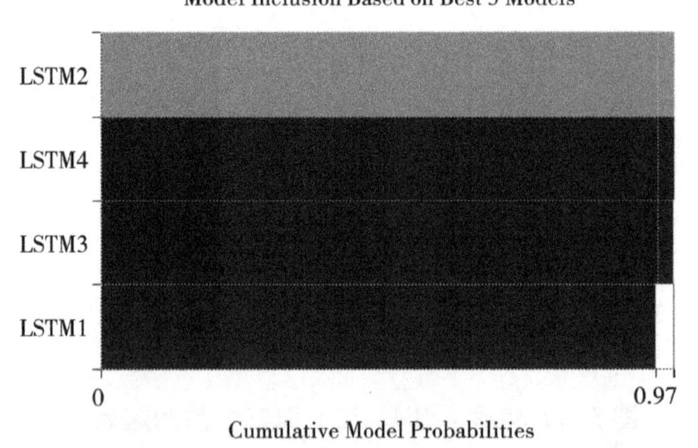

图3-17 在SP=500处BMA选择的前 N 个最好的模型

在这些图中,黑色色区域代表对应LSTMN模型的系数是正的,灰色代表负系数,白色表示该LSTMN模型没有包括在这一列所代表的子模型内,也就是它的系数为零。横轴将前N个最好的子模型按照其后验模型概率PMP从大到小排列,以图3-15为例,第一个最好的子模型包含全部4个LSTMN模型,其中LSTMN1、LSTMN2和LSTMN4模型对应的区域是黑色的,即它们的系数是正的,而LSTMN3模型对应的区域是灰色的,即它的系数是负的。第二个最好的子模型包含3个LSTMN模型,其中LSTMN3模型对应的区域是白色的,也就是说该模型没有被包含到第二个最好的子模型中。从图中可以看出,最终的BMA-LSTMN模型只选择了两个最好的子模型进行融合。而且这两个子模型的权重系数差别很大,第一个子模型的权重系数是0.94,第二个子模型的权重系数只有0.06。

③BMA-LSTMN模型与其他已有方法的实验对比。

为了进行有效对比,我们分别与采用相同测试实验数据集(即CALCE的第36号、37号和38号电池数据集)的工作[95]提出的方法与本节提出的BMA-LSTMN方法进行对比。采用相同的预测起始点,即SP=120、SP=240和SP=360,相同的失效阈值,设置为0.88 A·h,比较的指标采用和文献[95]中一致的相对预测精度RA。BMA-LSTMN方法在不同电池、不同预测起始点的预测结果如图3-18~图3-26所示。

两种方法的量化对比结果如表3-3所示。由于文献[95]只给出了RA的结果,没有RT、RP和RE的指标,因此表3-3中只列出了本书方法对应的RT、RP和RE指标的值。可以看出,本节提出的BMA-LSTMN方法的相对精度RA的平均值达到了89.8%,比文献[95]中的方法高出了3.8%。

表 3-3 量化比较结果

算法	电池	SP	RT	RP	RE	RA	平均 RA
BMA-LSTMN	CS2_36	120	402	408	6	98.5%	89.8%
		240	282	238	44	84.4%	
		360	162	159	3	98.1%	
	CS2_37	120	473	501	28	94.1%	
		240	353	281	72	79.6%	
		360	233	240	7	97.0%	
	CS2_38	120	525	514	11	97.9%	
		240	405	476	71	82.5%	
		360	285	216	69	75.8%	
文献[95]	CS2_36	120				89.8%	86.0%
		240				78.7%	
		360				94.1%	
	CS2_37	120				92.9%	
		240				95.1%	
		360				82.0%	
	CS2_38	120				81.0%	
		240				84.4%	
		360				75.5%	

图 3-18 BMA-LSTMN 模型在 CS2_36 号电池预测起始点为 120 处的预测结果

图 3-19 BMA-LSTMN 模型在 CS2_36 号电池预测起始点为 240 处的预测结果

图 3-20 BMA-LSTMN 模型在 CS2_36 号电池预测起始点为 360 处的预测结果

图3-21 BMA-LSTMN 模型在 CS2_37 号电池预测起始点为 120 处的预测结果

图3-22 BMA-LSTMN 模型在 CS2_37 号电池预测起始点为 240 处的预测结果

图3-23 BMA-LSTMN 模型在 CS2_37 号电池预测起始点为 360 处的预测结果

图3-24 BMA-LSTMN 模型在 CS2_38 号电池预测起始点为 120 处的预测结果

图3-25 BMA-LSTMN 模型在 CS2_38 号电池预测起始点为 240 处的预测结果

图3-26 BMA-LSTMN 模型在 CS2_38 号电池预测起始点为 360 处的预测结果

3.4 基于 TCN 的锂电池荷电状态估计模型

3.4.1 深度神经网络的选择

锂电池运行过程收集到的时间变量是一个时间序列，为了让模型能够提取到输入序列中不同时间刻之间具有的相关性信息，许多工作围绕着 RNN 网络结构展开[225,228,234]。RNN 网络中引入了状态变量用于记录过去时刻的信息，从而使模型拥有了记忆力这样就可以保存输入数列的前后关系。因此，基于 RNN 的模型可以捕获电池运行过程中测量参数之间的时间相关性，根据当前时刻以及之前时刻的电池运行状态信息，对电池 SOC 进行估计，图 3-27 展示了 RNN 是如何存储过去信息并作用于当前时刻的。

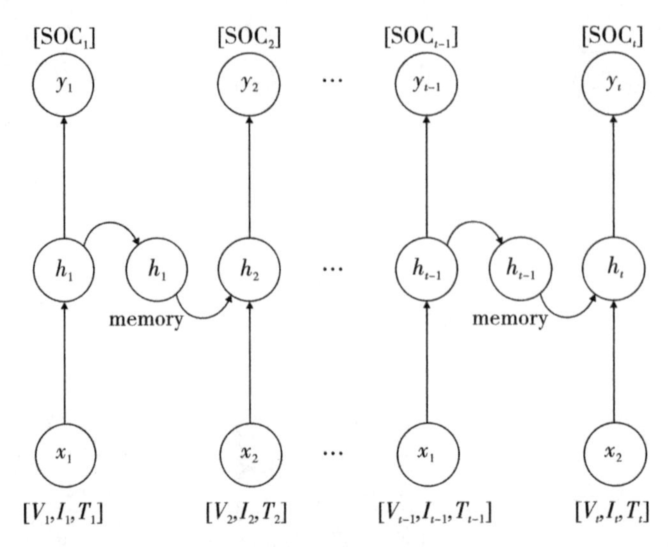

图 3-27 RNN 储存并传递过去信息示意图

首先 RNN 网络接收第一个时刻电池的电流、电压、温度信息，经过网络的处理得到一个输出，并同时会将隐含层的输出进行保存。此后网络每接受一个时刻电池运行参数的同时，会同时获得上一个时刻保存下来的记忆信息。通过传递处理前一时刻电池运行参数的隐含层输出，模型就能够学习到过去时刻电池的运行状态信息，并结合当前时刻的电池运行状态对 SOC 进行估计。

理论上，时间序列的长度和其包含的信息丰富程度是成正比的，但仅靠简单的传递前一时刻输入处理时隐含层的输出信息很难让模型保存并传递长期依赖，因此拥有专门设计的隐式单元的长短期记忆网络被提出。LSTM 的隐式单元拥有“三门一单元”的结构，与普通 RNN 直接存储并传递中间结果不同，LSTM 的输入门（input gate）决定要记录哪些信息，输出门（output gate）决定输出哪些信息，遗忘门（forget gate）决定遗忘哪些信息，通过模型自己学习调整的上述三个门结构作用于记忆单元，模型可以更加高效地处理长时间序列信息。此外，门控循环单元循环神经网络也是一个有专门设计的隐式单元的神经网络，仅有重置门（reset gate）和更新门

(update gate)来控制记忆单元。因此,GRU 相较于 LSTM 参数量更少,且处理速度更快。

虽然时间序列处理问题中,RNN 网络一般都作为首选模型结构,然而也有研究证明了卷积神经网络同样适合用于处理时间序列信息[235~237]。CNN 最初是为计算机视觉任务而开发的,凭借着自动学习高维数据中有效特征的优势让其成了最常用的网络结构之一。CNN 结构的主要优势之一是它们能够从高维数据中自动学习有用的特征,而无须手动特征工程且其训练和测试执行时间更快。与循环神经网络相比,卷积网络具有局部连通性和参数共享特性,能够减少训练参数的数量,且并行计算的方式更适合实时应用[44]。有工作中使用基于 CNN 的方法进行锂电池 SOC 的估计[238],证明了使用一维卷积同样能够很好地对电池运行过程中的时序数据进行处理。

本书选用时间卷积网络[239]对锂电池的荷电状态进行估计,因为其专门的卷积架构更适合处理时间序列,通过膨胀因果卷积也能够捕捉时间序列中的长期相关性并防止信息丢失。TCN 具有并行性、灵活的接收区域大小、稳定的渐变、训练所需的内存较低、可变长度输入的优势,在电力预测[240]、交通流量预测[241,242]、轴承退化趋势预测[243]和锂电池剩余寿命监测与寿命预测[244]中都表现出了优异的效果。

3.4.2　基于 TCN 的锂电池 SOC 估计方法

TCN 是一种特殊的卷积神经网络,可以进行大规模的并行处理,缩短网络训练和验证时间。通过堆叠更多的卷积层,使用更大的扩张率和增加滤波器大小的方式,TCN 提供了更大的灵活性来改变感受野大小,并且可以更好地控制模型的内存占用。图 3-28 展示了一个 TCN 的结构。TCN 中序列的反向传播路径和时间方向不同,避免了 RNN 中经常出现的梯度爆炸或梯度消失问题。此外,它需要更少的内存来进行训练,尤其是对于长输入序列。具体来说,TCN 的这些优势归功于其膨胀因果卷积的设计和残差模块的引入。

(1)膨胀因果卷积

为了保证每个隐含层的输入序列和输出序列长度相同,TCN 网络中采用了补零的一维全卷积,使得网络可以更灵活地根据需要进行调整。对于

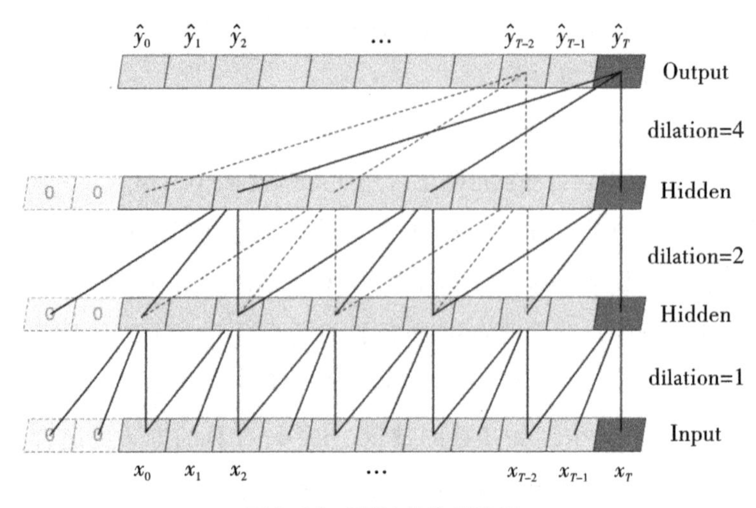

图 3-28　TCN 结构示意图

锂电池 SOC 估计问题，普通的卷积结构会获取整个时间段中每一个时间的电流、电压和温度信息，而网络中的特定神经元不应该接收到未来时间电池运行状态信息。为了有效防止未来数据的泄露，需要使 t 时刻的数据只能通过对上一层在 t 时刻和之前的数据进行卷积得到，TCN 中使用了如图 3-29 显示的一维全卷积加因果卷积结构。

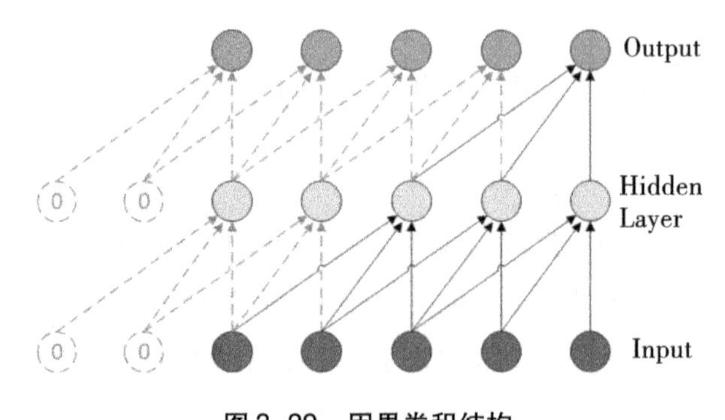

图 3-29　因果卷积结构

如果要参考更长时间的电池运行状态，使用单纯的因果卷积仅能通过设置增大卷积核的大小或堆叠更多卷积层来增加模型对时间建模的长度，从而捕获更长时间段数据的依赖关系。这不仅会增加模型的训练难度，还容易出现梯度消失或拟合效果不好等问题。对此，TCN 使用的膨胀因果卷积通过在卷积中注入空洞，在每两个相邻的滤波器之间引入了一个固定步长，通过跳过部分输入的方式让模型能够在不使用池化操作的情况下增加感受野。因此模型可以在层数不多的情况下获得更大感受野，处理更长时间的电池运行状态参数。对于一个一维输入序列 $x \in \mathbf{R}^n$ 和其过滤器 $f:\{0,\cdots,k-1\} \to \mathbb{R}$ ，序列元素 s 的膨胀卷积运算 F 定义为

$$F(s) = \sum_{i=0}^{k=1} f(i) \cdot x_{s-d \cdot i} \tag{3-9}$$

式中，d 为扩张因子；k 为滤波器大小；$s-d \cdot i$ 为过去的方向。特别是在 $d=1$ 的情况下，空洞卷积将等同于常规卷积。扩张的因果卷积可以帮助 TCN 捕捉更长期的电池运行参数之间的相关性，图 3-30 显示了一个膨胀因果卷积块。

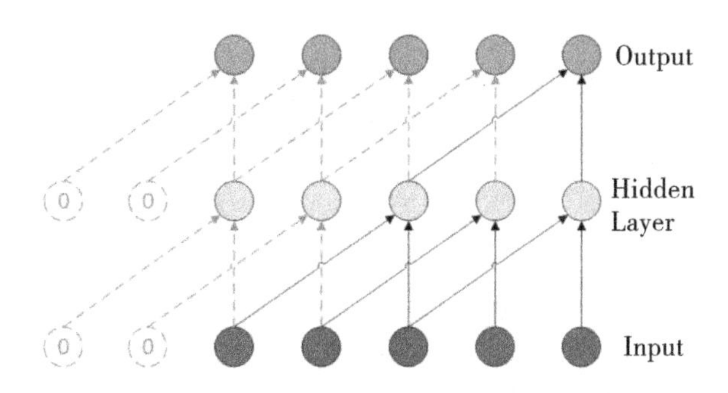

图 3-30　膨胀因果卷积结构

因为使用了膨胀因果卷积结构，TCN 网络的计算是逐层(layer-wise)的，同一层中一个时间段内的时序信息被同时计算，相较于 RNN 存在时序上的计算链接，需要对序列中的每个时间刻依次处理，TCN 模型的训练速度更快，并且通过卷积结构，也可以在捕获时间序列前后依赖关系的同时学习到局部的信息，此外多种调整感受野的方式也可以更灵活地设计模型，使其可以处理任意长度的电池运行序列信息。

(2)残差块链接

网络深度、滤波器大小和膨胀因子共同决定了 TCN 结构的感受野大小。在此基础上，通过 TCN 结构块的堆叠可以让设计的 TCN 模型有效捕获整个时间段的电池运行状态。尽管如此，最终设计出来的模型仍然有很深的网

络深度。对于深度神经网络而言,网络层数的增多不仅会增加计算资源的消耗,让模型更容易过拟合,还会导致训练过程中更易产生梯度消失或梯度爆炸问题。

对此,TCN 中使用了残差连接来帮助模型训练,使得模型网络中信息可以以跨层方式传递。残差结构可以帮助深度网络避免梯度消失或爆炸的问题,这有利于非常深的网络。一个残差块可以表示为式(3-10)的形式,包括直接映射部分和残差部分:

$$x_{L+1} = x_L + F(x_L, W_L) \tag{3-10}$$

式中, L 为网络层数; x_L 为直接映射部分; $F(x_L, W_L)$ 为残差部分,一般由两个或两个以上的卷积操作构成; x_{L+1} 为残差块的输入,也是下一层的输入。当 x_L 和 x_{L+1} 维度不同时,需要使用一个 1×1 的卷积进行升维或降维操作进行维度匹配,此时残差块变为更加通用的形式,见式(3-11):

$$x_{L+1} = h(x_L) + F(x_L, W_L) = W' x_L + F(x_L, W_L) \tag{3-11}$$

其中残差块的映射部分变为了 $h(x_L)$, W' 为确保 x_L 和 x_{L+1} 维度相同的 1×1 的卷积。

图 3-31 显示了 TCN 的残差块,TCN 使用通用残差模块代替其卷积层。TCN 残差块的输入经过两轮膨胀因果卷积、权重归一化(weight normalization)、ReLU 激活函数和 Dropout,然后一个卷积确保输出维度与输入相同。

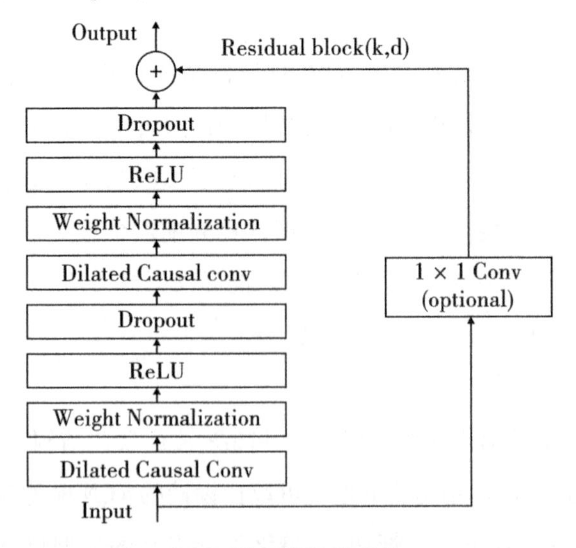

图 3-31 TCN 残差块

(3)基于 TCN 的锂电池 SOC 估计模型

对于 TCN 网络来说,最重要的是设计合理的感受野大小,使其能够充分挖掘到整个时间序列中的信息。因此,本书所设计模型的感受野长度与估计 SOC 时传入的时间段长度正好匹配。网络首先从一个序列输入层开始,其中输入向量是包括电压、电流和温度在内的测量值。然后,TCN 层包含六个堆栈,每个堆栈由四个卷积核尺寸(kernel size)为 6,过滤器(filters)个数为 64,每层膨胀系数(dilation)分别为 1、2、4、8 的卷积层构成,来学习对输入时间段内电池运行的电流电压和温度信息。同时,使用了由两个膨胀因果卷积构成的通用残差块来缓解网络过深可能导致的问题。具体的模型的架构如图 3-32 所示。

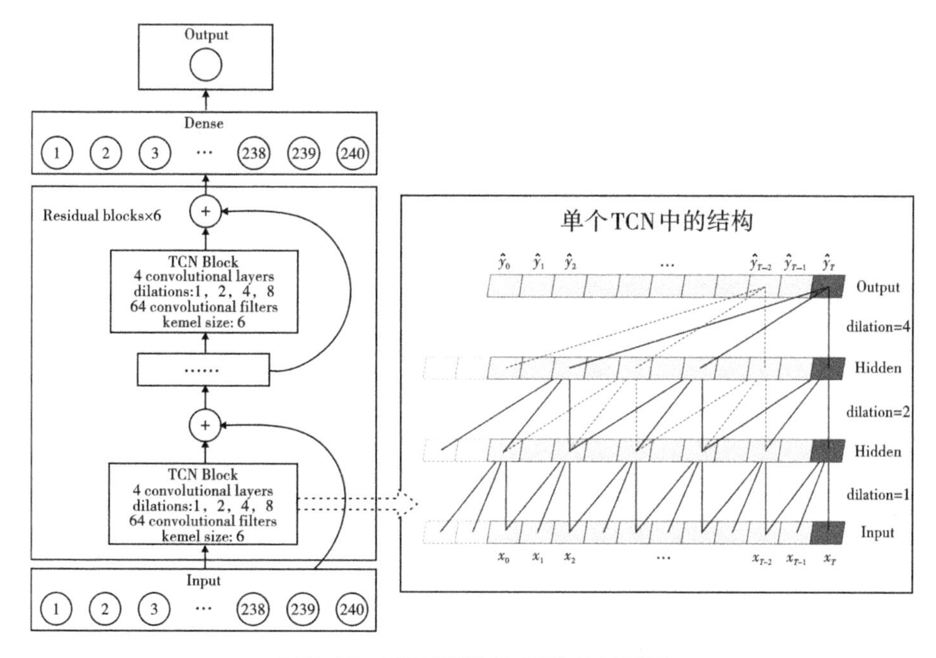

图 3-32　基于 TCN 的 SOC 估计模型

TCN 估计由两部分组成:离线训练和在线估计。在离线训练过程中,大量的电池数据被传入到网络,让网络捕捉并学习到电池测量值与对应的 SOC 之间的非线性关系。为了加快训练过程并避免过拟合的发生,还引入了学习率下降策略(learning rate decline strategy)和早停机制。训练过程如图 3-33所示。当离线训练过程完成后,训练好的模型将能够应用于在线估计。

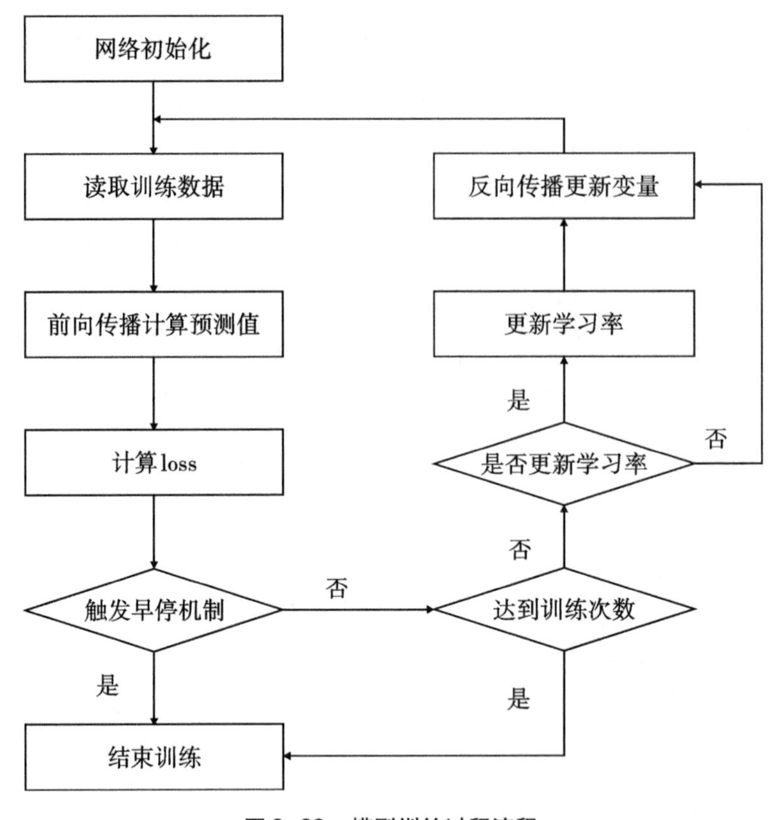

图 3-33　模型训练过程流程

TCN 模型的输入向量为 $\boldsymbol{x}(k)=[V(k), I(k), T(k)]$，其中 $V(k)$、$I(k)$ 和 $T(k)$ 分别表示在时间步 k 处测量电池的电压、电流和温度。TCN 模型的输出是该时间步结束时的估计 SOC，$y(k)=[\mathrm{SOC}(k)]$。

为了便于模型训练，我们将数据通过最大最小值归一化（min-max normalization）到[-1,1]范围内，如式(3-12)所示：

$$x_{\mathrm{norm}}=\frac{2(x-x_{\min})}{x_{\max}-x_{\min}}-1 \tag{3-12}$$

式中，$x_{\max}$ 和 $x_{\min}$ 为数据的最大值和最小值；x 为初始数据；x_{norm} 为归一化后的数据。

在训练过程中，模型使用 Adam 优化网络参数，初始学习率（learning rate）为 0.001，β_1 和 β_2 分别为 0.9 和 0.999。同时，通过 Reduce LR On

Plateau 学习率下降策略，当验证集的平均绝对误差(mean absolute error，MAE)连续五个 epoch 没有降低时，学习率将降低为当前的 50%。训练设置的批量大小和迭代次数分别为 32 和 100，并且实验中引入了早停机制，防止模型出现过拟合。

所提出的网络的性能在平均绝对误差和均方根误差标准下进行评估。此外，我们还计算了每个时刻的误差，并通过最大误差来评估性能。平均绝对误差展示了估计的准确性，而 RMSE 展示了估计的稳健性，并且预测的可靠性可以通过最大误差来证明。上述三个评估标准公式如下所示：

$$\mathrm{MAE} = \frac{1}{n}\sum_{i=1}^{n} | y_i - \hat{y}_i | \tag{3-13}$$

$$\mathrm{RMSE} = \sqrt{\frac{1}{n}\sum_{i=1}^{n} (y_i - \hat{y}_i)^2} \tag{3-14}$$

$$\mathrm{MAX\ Error} = \max | y_i - \hat{y}_i | \tag{3-15}$$

提出的基于 TCN 的模型使用 25 ℃、10 ℃和 0 ℃三种温度下锂电池在 US06、HWFET、UDDS、LA92 和 Cycle NN 五种驱动循环下收集到的数据进行训练，并分别使用三种温度下的 Cycle 1、Cycle 2、Cycle 3 和 Cycle 4 四种混合驱动循环对于模型进行 不同 运行条件下估计性能的评估。网络的输入是长度为 240 的序列信息 $X_K = [x_k, x_{k+1}, \cdots, x_{k+238}, x_{k+239}]$，其中 $x_k = [I_k, V_k, T_k]$，表示锂电池在时间 k 时测量到的电流、电压和温度信息，每个时间刻的间隔为 1 s，$K = k + 239$ 表示要估计的时刻，整个序列信息是以由预测时刻 K 以及在此之前的 239 个时刻构成，网络的输出为 $Y_K = [\mathrm{SOC}_K]$，即锂电池在时间 K 时的 SOC。

3.4.3　实验及结果分析

本节将首先介绍模型在单一温度条件下估计的结果，测试了方法的可行性。其次，重新训练了一个能估计不同温度下的 SOC 估计模型，进一步验证了模型对于更加复杂的测量变量和对应 SOC 之间非线性关系的拟合能力。在 3.3.3 节中通过给模型传入浮动温度条件下收集到的锂电池的运行数据，让模型估计训练过程中没有遇到过的温度条件情况，以验证模型良好的泛化能力。最后，应用迁移学习技术，训练了一个只有小样本数据集的其他类型锂电池 SOC 估计模型，缓解了本方法对大量训练数据依赖的问题。所有的实验均使用一块 16 GB 显存的 NVIDIA Tesla V100 显卡进行模型的训练和测试。

(1)固定环境温度下的实验

在本节，我们分别使用 25 ℃、10 ℃和 0 ℃收集的数据集来训练和验证模型；再分别在三个温度下，包括 US06、HWFET、UDDS、LA92 和 Cycle NN 五个驾驶循环的数据输入模型进行训练，获得三个分别用于不同温度条件下的 SOC 估计模型；最后对三个模型使用相对应温度下的 Cycle 1、Cycle 2、Cycle 3 和 Cycle 4 四个混合驱动循环数据进行估计性能的验证。

模型用单一温度数据训练后的估计曲线如图 3-34 ~ 图 3-37 所示，包括模型在每个时刻的估计曲线和误差曲线，每个预测的曲线均为电池在对应温度和工况条件下的整个放电周期，为了更好地进行展示，本节图中曲线绘制时，数据采样间隔被设置为 1 min。

图 3-34 三种温度下 Cycle 1 驱动循环估计结果

图 3-35 三种温度下 Cycle 2 驱动循环估计结果

图 3-36 三种温度下 Cycle 3 驱动循环估计结果

图 3-37 三种温度下 Cycle 4 驱动循环估计结果

其中用于估计 25 ℃条件下电池 SOC 的模型在混合驱动循环 Cycle 3 中表现最为突出，对该循环周期估计结果的平均绝对误差为 0.41，最大误差控制在了 2.23%，在整合电池放电周期中都准确地估计出了相应时刻的 SOC。对于其他测试，模型也表现出了不错的估计精度。表 3-4 展示了每个模型综合所有测试后计算获得的平均 MAE、平均 RMSE 以及最大误差。表 3-5 中具体列出了模型在每一个测试驱动周期下估计结果的评价参数。

表 3-4　固定温度条件下三个模型估计的综合结果

工况	平均 MAE/%	平均 RMSE/%	最大误差/%
用于 25 ℃的 SOC 估计模型	0.54	0.78	6.19
用于 10 ℃的 SOC 估计模型	0.64	0.81	5.37
用于 0 ℃的 SOC 估计模型	1.29	1.73	7.68

表 3-5　固定温度条件下的模型估计结果

温度/℃	工况	MAE/%	RMSE/%	最大误差/%
25	Cycle 1	0.78	1.27	6.19
	Cycle 2	0.40	0.54	3.44
	Cycle 3	0.41	0.54	2.23
	Cycle 4	0.55	0.77	3.97
10	Cycle 1	0.55	0.72	3.61
	Cycle 2	0.82	0.95	5.37
	Cycle 3	0.57	0.74	2.90
	Cycle 4	0.61	0.83	3.31
0	Cycle 1	1.71	2.48	7.34
	Cycle 2	1.57	2.24	7.68
	Cycle 3	1.07	1.21	3.08
	Cycle 4	0.81	0.81	3.48

所有测试中，预测误差较大的情况均出现在了整个电池放电周期的开始部分与结束部分。对于开始部分的波动，推测其原因为对于整个电池使

用周期状态,开始状态的数据比较少导致模型没能很好地拟合,因为从测试中可以看到,在整个电池放电周期占比最大的中间阶段,模型的估计结果相对来说都比较平稳。对于结束部分的波动,可能也是因为电池电量几乎耗完时,电池的特性会发生一些变化,从而导致模型难以拟合。

总之,从整体结果来看,所提出的模型可以应用于锂电池荷电状态估计问题中,且对于不同工况条件下的放电状态有一个较好的估计效果。

(2)多环境温度下的实验

不同温度条件下,电动汽车锂电池的运行特点是不同的,如在 0 ℃的运行条件下,车载锂电池没有再生制动能量,不能像其他两个过程一样带有充电过程。同时,温度的降低也使得电池放电电压更低,电池容量的消耗也更加迅速。

图 3-38 展示了松下 18650PF 电池以 US06 工况运行时在三种温度条件下的电流、电压、温度和 SOC 的变化情况。通过图 3-38(a)、(b)展示出的电流和电压状态可以看出,对于电流状态,0 ℃下电池除了没有再生电流,三个温度下电池的放电电流状态几乎一致,对于 25 ℃和 10 ℃两个温度条件下电池运行的电流和电压状态差异性也不是非常大。此外,如图 3-38(c)中的所展示的电池温度变化情况,由于在单一温度条件下,随着电池放电产生的热效应,电池的温度也是一个变化的过程,电池在 0 ℃下运行的后期,其温度已经上升到了 10 ℃下运行初期的状态。

图 3-38　三种温度 US06 行驶工况下的电流、电压、温度和放电量变化情况

针对不同温度分别训练用于特定温度下的多个 SOC 估计模型,不仅会增加该方法的成本,而且会使该方法的应用变得复杂化。因此,本节中将三种温度条件下的 US06、HWFET、UDDS、LA92 和 Cycle NN 五种驱动循环数据一起提供给所提出的 TCN 模型进行训练,希望仅通过一个模型就可以在不同的温度条件下准确地估计锂电池 SOC。

经过对三种温度状态下电池运行参数数据的分析,从模型转入参数的角度可以认为,不同温度条件下,给模型传入的温度信息相当于增加了温度参数的数值范围,而对于给模型传入的电流和电压信息也可以作相同的推断,此外这些差异也可以认为是带有一定的偏差信息。因此,可以通过给一个模型传入多个温度条件下电池运行的数据,来捕获并拟合多种温度条件下更复杂的电池测量参数与对应 SOC 之间的非线性关系,使模型可以应对汽车在不同环境下行驶时的多种温度条件,通过其鲁棒性来应对上述情况,保证最后 SOC 估计结果的准确性。本节对训练出的单个模型做了与上节相同的测试,来验证所设计的模型拟合更复杂非线性关系的能力。

不同测试中,所设计的 TCN 模型估计性能如图 3-39 ~ 图 3-42 所示,包括各温度和工况条件下整个放电周期的估计曲线和误差曲线。实验结果表明,在 25 ℃、10 ℃和 0 ℃的温度环境下,所有测试的平均 MAE 和平均 RMSE 在三个温度分别为 0.67% 和 0.87%,最大误差为 4.22%,这证明了本节所分析的内容。表 3-6 对比展示了本节与上节模型对于相同测试的详细评价指标。

图 3-39　三种温度下 Cycle 1 驱动循环估计结果

图 3-40　三种温度下 Cycle 2 驱动循环估计结果

图 3-41　三种温度下 Cycle 3 驱动循环估计结果

图 3-42　三种温度下 Cycle 4 驱动循环估计结果

表 3-6　不同温度条件下的模型估计结果

温度/℃	工况	MAE/%		RMSE/%		最大误差/%	
		TCN（多温度）	TCN（单温度）	TCN（多温度）	TCN（单温度）	TCN（多温度）	TCN（单温度）
25	Cycle 1	0.47	0.78	0.60	1.27	2.61	6.19
	Cycle 2	0.44	0.40	0.60	0.54	2.57	3.44
	Cycle 3	0.43	0.41	0.56	0.54	1.84	2.23
	Cycle 4	0.36	0.55	0.57	0.77	2.67	3.97
10	Cycle 1	0.59	0.55	0.82	0.72	4.22	3.61
	Cycle 2	0.76	0.82	0.90	0.95	3.42	5.37
	Cycle 3	0.67	0.57	0.80	0.74	2.23	2.90
	Cycle 4	0.60	0.61	0.88	0.83	3.55	3.31
0	Cycle 1	1.15	1.71	1.57	2.48	4.09	7.34
	Cycle 2	1.02	1.57	1.28	2.24	3.86	7.68
	Cycle 3	0.88	1.07	1.09	1.21	3.46	3.08
	Cycle 4	0.64	0.81	0.76	0.81	1.88	3.48

结果表明，在电池放电周期的开始和结束阶段，模型估计结果的偏差有了较明显的改善，且模型在应对三种温度条件下电池不同的运行特点都表现出了较好的鲁棒性，甚至优于上节中用于单一温度 SOC 估计的模型。TCN 可以通过单组网络参数学习并拟合不同温度下电池可测量参数与对应 SOC 之间的关系，并具有良好的鲁棒性，仅需要一个模型就能够实现电池在不同运行条件下的 SOC 估计，不仅提升了模型的精度，也极大地简化了方法应用时的复杂性。

（3）浮动温度下的实验

受实际驾驶环境的影响，电动汽车锂电池的运行环境温度会不断变化，一天之内的温差可能会超过 10 ℃。为了更好地测试所设计的模型推广到现实应用中的估计表现，本节中添加了一项额外的测试。使用 3.4.3 节中（2）训练获得的模型，不同的是本节测试数据是在 10 ~ 25 ℃的浮动温度环境中收集到的 US06、HWFET、UDDS 和 LA92 四种驱动循环电池放电周期数据，其中的一部分状态是模型训练数据集中不存在的。因此，可以通过这四个升温环境中的锂电池运行数据对所提出模型的泛化能力做一个测试。

图3-43显示了测试结果,包括电池整个放电周期的估计曲线和误差曲线。在浮动环境温度下,模型对于整个放电周期过程的估计偏差都相对较大,但通过误差曲线可以看出,大的估计误差同样集中于整个放电周期开始和结束的阶段。对于四个浮动温度下的测试,平均MAE和RMSE分别为3.64%和4.14%,虽然与前两次实验的结果有一定差距,但最大误差仍控制在10%以内,表3-7列出了详细的评价指标。

图3-43　浮动温度条件下模型估计结果

表3-7　浮动温度条件下的模型估计结果

温度/℃	工况	MAE/%	RMSE/%	最大误差/%
10～25	Cycle 1	3.04	3.43	7.07
	Cycle 2	3.80	4.36	9.00
	Cycle 3	3.94	4.44	8.45
	Cycle 4	3.79	4.34	9.87

结果表明,所提出的TCN模型具有较好的泛化能力,即使在面对训练集中没有的电池工况,模型对SOC估计的结果仍没有出现太大偏差,并且可以推断,如果训练集包含更加丰富的工况信息,模型的估计性能将得到进一步提升,拥有更好的泛化能力。

(4)小样本数据集下模型训练实验

通常神经网络模型的训练离不开大量数据的支持,然而现实中许多类型的车载锂电池数据集规模往往不满足模型训练的要求,无法达到预期的精度效果。因此,在小样本数据集下,引入迁移学习是一种有效的解决方案。

不同类型锂电池使用期间测量变量数据的空间特征分布相似,因此我们可以利用用于其他类型的锂电池SOC估计模型,通过迁移学习技术帮助数据量较少的锂电池进行SOC估计模型的训练。训练过程如图3-44所示。在训练过程中,用源模型的网络权重值初始化新模型,并解锁网络权重参数,之后通过新类型锂电池数据学习并更新权重，使模型能够在小样本数据集条件下以较小的训练成本获得一个可以正确估计该类型锂电池 SOC 的新模型。

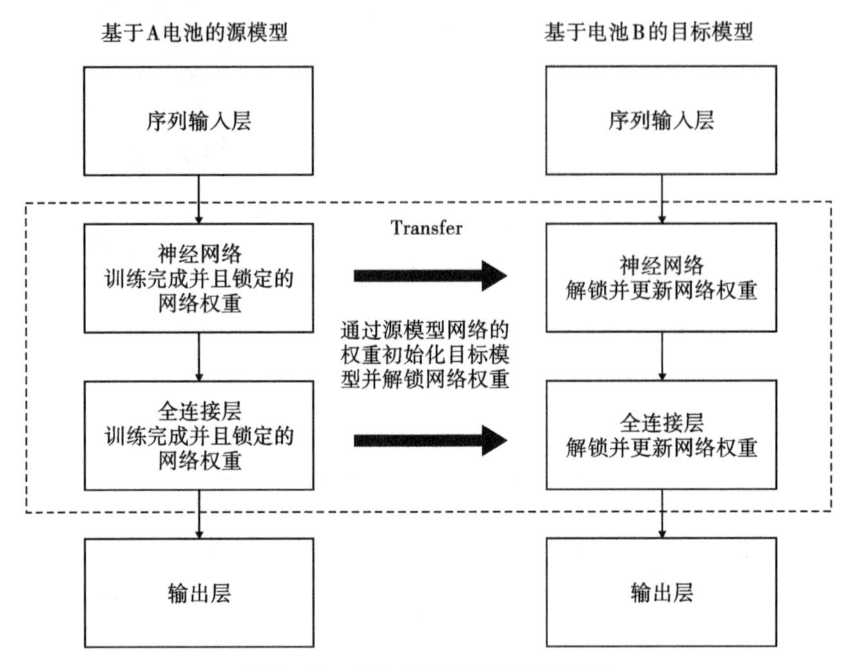

图 3-44 基于迁移学习的训练过程

本节选择第 3.4.3 节中（1）训练获得的用于 25 ℃下 SOC 估计模型作为预训练模型，在仅使用少量 Turnigy 石墨烯锂电池数据的情况下训练用于该电池 SOC 估计的新模型。之后，通过 US06、HWFET、UDDS、LA92 驱动循环 4 个循环的数据对模型估计表现进行了评估。每个测试的估计曲线和误差曲线如图 3-45 所示。

图 3-45 25 ℃条件下模型估计结果

模型估计结果的平均 MAE 和平均 RMSE 分别为 0.39% 和 0.61%，最大误差为 4.64%，表 3-8 展示了四个测试的具体结果。这一结果甚至优于所用的预训练模型在其电池测试集上的估计表现。这说明模型捕获到的电池观察变量与对应 SOC 之间的非线性关系，是可以通过迁移学习传递给其他模型的。

表3-8　25 ℃条件下的模型估计结果

温度/℃	工况	MAE/%	RMSE/%	最大误差/%
25	US06	0.61	1.02	4.64
	HWFET	0.34	0.62	2.39
	UDDS	0.26	0.36	1.18
	LA92	0.35	0.45	1.84

在本节,我们仅使用少量的 Turnigy 石墨烯电池数据,结合迁移学习技术训练模型,从而在消耗更低成本的情况下获得了可应用于该电池 SOC 估计的新模型,且具有良好的精度,证明了使用迁移学习技术,可以有效降低模型获取的成本,缓解深度神经网络模型对大量训练数据的依赖问题。

3.5　基于 U-Net 和 TCN 的锂电池荷电状态估计模型

3.5.1　数据预处理模型结构的设计

因为电池 SOC 无法通过直接测量获得,所以需要通过其他可测量变量值进行估计,常用的电池运行状态变量包括电流、电压和温度。电池的运行是一个连续的状态,当前时刻的电池 SOC 不仅与此刻电池运行状态有关,还会受到此刻之前运行状态的影响。而这些可测量变量之间同样也存在着空间关系,如低温度相对于高温度,电池的电压会相对较小,电池在高倍率放电即大电流状态下,电池的电压会降低[245]。因此仅靠提取电池运行过程中变量的时间相关性是不够充分的。针对这一问题,需要更加充分地挖掘不同维度间的空间特征,更好地让模型学习到 SOC 与测量变量之间的非线性关系,从而达到更好的拟合效果。

U-Net 网络是基于全卷积网络(fully convolutional network,FCN)改进而来的,在 2015 年 MICCAI 会议中被 Ronneberger 等[246]首次提出。U-Net 自发表以来被广泛用于医学影像分割,其编码器-解码器-跳连的网络结构启发了大量基于 U-Net 结构改进的医学影像分割方法[247]。其中有为提升模型对三维图像的分割准确性而提出的,输入输出为三维图像的 3D U-Net[248];为增强相关特征,抑制无关特征,在编码器与解码器特征拼接之前加入注意力机制的 Attention U-Net[249];为提取多层特征进行特征融合,在 U-Net 基础上外接特征金字塔网络(feature pyramid networks,FPN)的 MFP-Unet[250]等。

尽管上述工作都是 U-Net 网络在二维图像处理问题中的应用,但是图像数据和时序数据是有一定相似性的,因此可以考虑在 U-Net 的结构中使用一维卷积(Conv1D),将其编码器-解码器结构迁移并应用于时间序列问题的处理中。目前,还鲜有研究者在时序问题中使用 U-Net 网络,因此本工作是一个新的尝试,也是对 U-Net 网络用于时序序列特征处理可能性的一个探索。

车载锂电池运行测量数据是一个长时间序列信息,其中包含了空间维度,即锂电池的电流、电压和温度信息,以及时间维度。本节提出的方法由 U-Net 和 TCN 串联组成,可以在挖掘多个变量间进行特征提取的同时储存电池运行过程中的变化趋势。在基于一维卷积的 U-Net 结构中,时间维度上的信息会经历先下采样再上采样,更加突出电池运行过程中的变化趋势,并过滤噪声干扰,空间维度上则是会先扩增再收缩,提取空间特征之间的相关性。总体上 U-Net 结构可以很好地提取输入数据中的深层信息和浅层信息并进行融合,从而为 SOC 的估计提供丰富的信息支撑。之后凭借 TCN 专门设计的膨胀卷积结构,使整个模型能够很好地映射测量变量与对应 SOC 之间的关系。

3.5.2 基于 U-Net 和 TCN 的锂电池 SOC 估计方法

(1) U-Net 网络

U-Net 网络先后经历下采样和上采样,共同构成一个 U 形结构,如图 3-46 所示,左侧为下采样过程,右侧为上采样过程。在下采样阶段的编码过程中通过卷积和池化操作从信息量充分的时序数据中提取有用的信息并且过滤噪声信息,之后在上采样阶段的解码过程中进行反卷积和卷积操作,同时引入跳跃连接(skip connection)将深层信息和浅层信息融合,使网络不会丢失有效信息或者引入新的噪声。

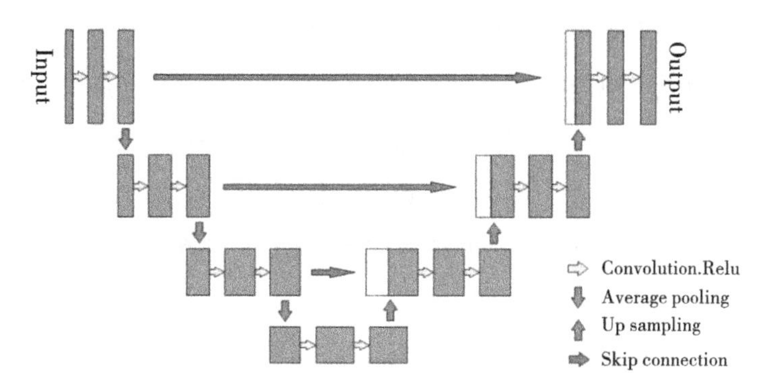

图 3-46　U-Net 网络结构

本书所使用的 U-Net 包括四个下采样模块和三个上采样模块。下采样阶段，每个下采样模块会将模块处理数据时的过程信息与最终信息进行融合并传入下一个采样模块，同时也会依次融合由原始输入经不同平均池化层（average pooling）处理获得的数据。而上采样过程中网络通过跳跃连接来建立下采样和上采样两个阶段间的联系。U-Net 网络中的采样模块均包含由填充像素为 0、卷积核大小（kernel size）为 3 的一维卷积，批标准化以及 ReLU 激活函数构成的卷积块。对于四个下采样模块，其内部卷积块的过滤器个数（filters）依次增长为初始值的 1 倍、2 倍、3 倍、4 倍。在每个下采样模块中，首先是一个随下采样层数增加步长（strides）的卷积块，然后会经历两个步长为 1 的固定卷积块，最后的部分先后经过一个全局平均池化层（global average pooling），一个激活函数为 ReLU 的全连接层以及一个激活函数为 Sigmoid 的全连接层，两个全连接层的输出维度分别为当前下采样模块中卷积块过滤器个数的一半和与当前下采样模块中卷积块过滤器个数相同。三个上采样模块内部卷积块的过滤器个数从初始值的 3 倍依次减少为 2 倍、1 倍，每个上采样模块中，首先是一个采样因子随上采样层数减少的上采样层，之后将上采样层处理的结果与对应下采样层的数据融合并传入步长为 1 的卷积块中。图 3-47 展示了 U-Net 网络结构的细节。

图 3-47　U-Net 网络结构细节

(2)基于 U-Net 和 TCN 的锂电池 SOC 估计模型

为了更好地处理电池运行过程中测量获得的时序数据,所设计的 U-Net 结构在下采样阶段通过卷积对时间维度进行缩减,空间维度进行增加,而上采样阶段进行相反操作,由两部分共同挖掘数据中的信息。同时 U-Net 网络采用了拼接和相加两种方式对特征进行融合,既能保证原有信息不丢失,也能形成更丰富的特征信息。

本书所设计的模型首先将包含电池运行过程中测量到的电压、电流和温度的时序特征进行最大最小归一化,将特征缩放到[-1,1]区间,之后通过滑动窗口技术将时序数据划分为长度为 1 200 的时间序列。模型的第一层为一个长度为 1 200 的序列输入层,接收向量包含锂电池运行过程中测量得到的电压、电流和温度信息,并通过一个膨胀因果卷积层将时间序列的长度压缩为 240。接着先后通过 U-Net 网络的下采样和上采样两个阶段来对特征数据做进一步处理。之后,是一个感受野为 240 的 TCN 网络层,用来学习对输入的依赖关系。最终用一个全连接层来输出估计的 SOC 值。模型的总体结构如图 3-48 所示。

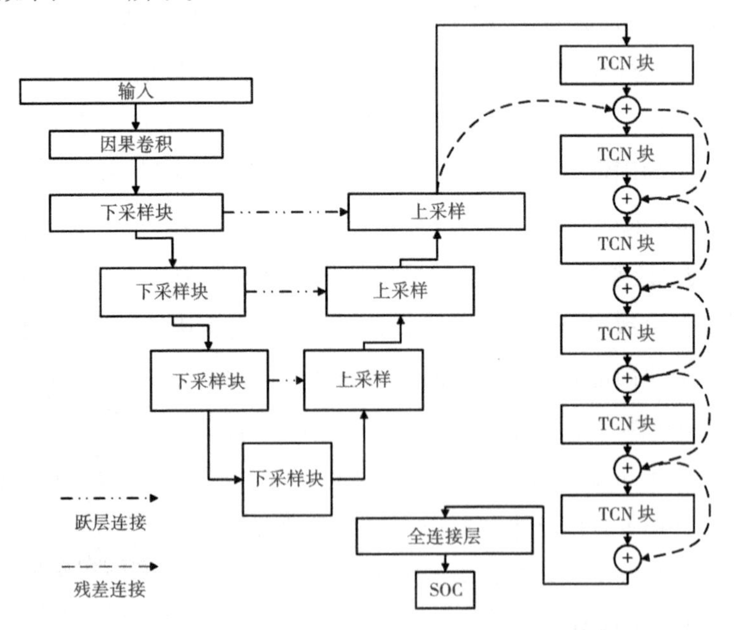

图 3-48　基于 U-Net 和 TCN 的锂电池 SOC 估计模型

U-Net层中四次下采样阶段卷积块的过滤器个数分别为8、16、24、32,上采样阶段卷积块的过滤器个数分别为24、16、8,卷积核大小为3。TCN层包含6个堆栈,每个堆栈有4个过滤器个数为16,卷积核大小为5的卷积层,每层膨胀系数依次为1、2、4、8。

训练设置的总训练周期为100个,每1 024组训练数据计算一次损失并进行梯度下降。初始学习率设置为0.001,训练过程中使用了学习率下降策略,当连续3轮训练周期后的精度没有下降时,学习率会降低到当前值的一半,帮助模型在训练初期快速收敛并避免训练后期损失的震荡。同时,设置了早停机制(early stopping),当连续6轮训练周期模型表现没有提升时会自动中止训练,避免模型出现过拟合的问题。模型所使用到的评价指标包括平均绝对误差、均方根误差以及最大误差。

提出的基于U-Net和TCN的模型使用25 ℃、10 ℃和0 ℃三种温度下锂电池在US06、HWFET、UDDS、LA92和Cycle NN五种驱动循环下收集到的数据进行训练,并分别使用三种温度下的Cycle 1、Cycle 2、Cycle 3和Cycle 4四种混合驱动循环对模型进行不同运行条件下估计性能的评估。网络的输入是长度为1 200的序列信息 $X_K=[x_k,x_{k+1},\cdots,x_{k+1198},x_{k+1199}]$,其中 $x_k=[I_k,V_k,T_k]$,表示锂电池在时间 k 时测量到的电流、电压和温度信息,每个时刻的间隔为0.1 s, $K=k+1199$ 表示要估计的时刻,整个序列信息是以由预测时刻 K 以及在此之前的1 199个时刻构成,网络的输出为 $Y_K=[SOC_K]$,即锂电池在时间 K 时的SOC。

3.5.3　实验及结果分析

在第3.5.3节中的(1)给出了训练获得的模型在三种温度条件下估计的结果,并通过消融实验证明了使用U-Net网络进行特征提取的有效性,而在第3.5.3节中的(2)使用了浮动温度条件下收集到的锂电池的运行数据以验证模型的泛化能力。所有的实验均使用两块11G显存的NVIDIA GeForce GTX 2080 Ti显卡进行模型的训练和测试。此外。在第3.5.3节中的(3)与其他基于深度学习的方法进行了对比,在第3.5.3节中的(4)将实验结果与现行行业标准进行了比较来证明所提出方法的可行性。

(1)多环境温度下的实验

与第3.4.3中的(2)进行的多温度条件下实验相同,本节用到了三种温度条件下的US06、HWFET、UDDS、LA92以及Cycle NN五种驱动循环数据对提出的融合U-Net和TCN模型进行训练,从而获得一个可以在三种温度条件下均能够准确评估车载锂电池的估计模型。同时,为了证明U-Net网络的加入对模型估计性能的帮助,在相同的实验条件下,去掉了所提出模型的U-Net网络结构部分进行消融实验,并与所提出模型进行了对比。

两种模型在三种温度条件下的四种驱动循环测试结果如图3-49~图3-52所示,包括每个测试循环下整个放电周期的估计曲线和误差曲线,为了更好地进行展示,本节图中曲线绘制时数据采样间隔被设置为1 min。

图3-49 三种温度下Cycle 1驱动循环估计结果

图3-50 三种温度下Cycle 2驱动循环估计结果

图3-51 三种温度下Cycle 3驱动循环估计结果

图3-52 三种温度下Cycle 4驱动循环估计结果

在所有测试之中,表现最优的为本书提出的引入U-Net网络的融合模型在25 ℃条件下的Cycle 2工况测试,其中MAE为0.37%,RMSE为0.56%。综合所有测试的结果,所提出模型在全部测试中的平均MAE和平均RMSE分别为0.65%和0.81%,对于去除U-Net网络部分的单一TCN模型,全部测试的平均 MAE 和平均 RMSE 分别为 0.76% 和 0.93% 。模型加入了基于 U-Net 的数据预处理结构后,模型的估计精度得到了进一步提升,所有测试结果的平均 MAE 和平均 RMSE 分别降低了 0.11% 和 0.12% ,更好地拟合了复杂条件下可测量变量与 SOC 之间的关系,并增强了其估计的鲁棒性。虽然引入 U-Net 数据处理结构后,其最大误差控制得不够理想,最大误差为 4.5% ,比单一 TCN 模型的 4.39% 低了 0.11% ,但是两者的震荡趋势大致相同,且整体上引入 U-Net 结构后,模型估计结果的整体误差得到了更好的控制。表 3-9 中对比展示了两个模型各个测试详细的评价指标。

表 3-9　多温度条件下的模型估计结果

温度/℃	工况	MAE/%		RMSE/%		最大误差/%	
		U-Net+TCN	TCN	U-Net+TCN	TCN	U-Net+TCN	TCN
25	Cycle 1	0.62	0.90	0.74	1.06	4.14	3.70
	Cycle 2	0.37	0.64	0.56	0.76	3.79	3.25
	Cycle 3	0.39	0.68	0.51	0.81	3.11	3.29
	Cycle 4	0.47	0.69	0.67	0.82	2.94	2.62
10	Cycle 1	0.51	0.47	0.64	0.63	3.27	3.58
	Cycle 2	0.94	1.30	1.09	1.38	3.36	3.07
	Cycle 3	0.51	0.64	0.65	0.83	3.14	4.39
	Cycle 4	0.47	0.56	0.61	0.78	3.07	3.50
0	Cycle 1	0.89	0.97	1.13	1.24	3.51	4.15
	Cycle 2	0.93	0.80	1.10	1.00	4.50	3.52
	Cycle 3	0.91	0.90	1.09	1.12	3.74	4.20
	Cycle 4	0.75	0.53	0.89	0.67	3.41	2.32

测试结果表明,得益于加入的 U-Net 数据处理部分,模型的估计效果得到了进一步的提升,肯定了所设计的模型数据预处理结构的作用。相比于单一 TCN 结构的 SOC 估计模型,所提出的方法通过加入专门设计的用于数据预处理的结构进行特征提取,让模型拥有了更高的精度和更好的稳定性,增加了模型的适用性。

(2)浮动温度下的实验

为了更好地测试所设计的模型推广到现实应用中的估计表现,本节同样进行了在浮动温度条件下的额外测试。利用在10～25 ℃的浮动温度环境中收集到的四种驱动循环数据,对所提出模型的泛化能力进行测试。

图 3-53 浮动温度条件下模型估计结果

两种模型在浮动温度条件下的四种驱动循环测试结果如图 3-53 所示,估计曲线和误差曲线在绘制时数据采样间隔同样设置为 1 min。表 3-10 展示了各个测试详细的评价指标,包括 MAE、RMSE、Max Error。

表 3-10 浮动温度条件下的模型估计结果

温度/℃	工况	MAE/%		RMSE/%		最大误差/%	
		U-Net+TCN	TCN	U-Net+TCN	TCN	U-Net+TCN	TCN
25	Cycle 1	2.40	4.27	3.18	4.49	12.07	8.24
	Cycle 2	2.87	4.86	3.95	5.13	13.52	9.13
	Cycle 3	2.89	5.16	3.75	5.45	11.85	10.08
	Cycle 4	3.37	4.94	4.60	5.33	13.55	10.13

所提出的基于 U-Net 和 TCN 的模型在四个测试中的平均 MAE 和 RMSE 分别为2.88%和3.87%,最大误差为13.55%,单一 TCN 模型的平均 MAE 和 RMSE 分别为4.81%和5.10%,最大误差为10.13%。虽然最大误差落后单一 TCN 模型约3%,然而每项测试中所设计模型在 MAE 和 RMSE 两项评价指标表现上均具有了一个更大的优势,分别低1.93%和1.23%。结合具体评价的参数和误差曲线可以看出,通过 U-Net 网络的处理,模型的泛化能力得到了一定的提升,虽然在某些时刻中估计的误差没有得到很好的控制,但是整体上模型估计的精度有了比较明显的提升,说明 U-Net 的引入是有效的。

(3)与其他基于深度学习方法的对比

为了进一步证明所提出模型的优势,我们选取了使用同样数据集的其他方法与本方法进行了对比,包括基于RNN结构的模型和基于CNN结构的模型。表3-11中列出了各种方法的详细对比信息。

表3-11　与其他方法估计结果的比较

方法	最优结果	所有测试综合结果**	输入输出	训练集	测试集
LSTM[27]	0.77% (MAE) mixed drive cycle @0 ℃	MAE=1.22% MAX=6.69%	$\psi=[V_{(k)}, I_{(k)}, T_{(k)}]$; $o=[SOC_{(k)}]$; timestep=1000	9 drive cycles @25 ℃,10 ℃, 0 ℃	Another different mixed drive cycle @25 ℃,10 ℃, 0 ℃
Bi-LSTM[30]	0.46% (MAE) HWFET @25 ℃	MAE=0.72% MAX=4.54%	$\psi=[V_{(k)}, I_{(k)}, T_{(k)}]$; $o=[SOC_{(k)}]$; timestep=unknown	Cycle1～4, Cycle NN, LA92,UDDS @25 ℃,10 ℃, 0 ℃	HWFET,US06 @25 ℃,10 ℃, 0 ℃
GRU-RNN[41]	0.32% (MAE) LA92 @25 ℃	MAE=0.85% MAX=5.07%	$\psi=[V_{(k)}, I_{(k)}, T_{(k)}]$; $o=[SOC_{(k)}]$; timestep=1000	Cycle1～4, Cycle NN @25 ℃,10 ℃, 0 ℃	HWFET,LA92, UDDS,US06 @25 ℃,10 ℃, 0 ℃
CNN[45]	0.76% (MAE) LA92 @10 ℃	MAE=1.02% MAX=5.23%	$\psi=[V_{(k)}, I_{(k)}, T_{(k)}]$; $o=[SOC_{(k)}]$; timestep=500	Cycle1～4, Cycle NN, LA92,UDDS @25 ℃,10 ℃, 0 ℃	HWFET,US06 @25 ℃,10 ℃, 0 ℃
Unet-TCN*	0.37% (MAE) Cycle 2 @25 ℃	MAE=0.65% MAX=4.50%	$\psi=[V_{(k)}, I_{(k)}, T_{(k)}]$; $o=[SOC_{(k)}]$; timestep=1200	US06,HWFET, UDDS,LA92, Cycle NN @25 ℃,10 ℃, 0 ℃	Cycle1～4 @25 ℃,10 ℃, 0 ℃

注:*表示本书所提出的方法,**MAE为所有测试结果平均绝对误差的平均值,MAX为所有测试结果最大误差的最大值。

结果显示,从模型整体的表现效果来看,本方法在测试集中的平均绝对误差和最大误差均优于其他方法。各种方法测试中,表现效果最好的为基于 GRU-RNN 的估计方法,其在 25 ℃环境下 LA92 工况测试数据中取得的 MAE 为 0.32%,其次为本书提出的方法,在 25 ℃下 Cycle 2 混合工况测试中取得的 MAE 为 0.37%,仅比 GRU-RNN 高了 0.05%。但是对比各种方法的综合表现,本方法在所有测试中的平均 MAE 最好为 0.65%,相对于第二名的基于 Bi-LSTM 的方法低了 0.07%。此外,本方法的最大误差控制在了 4.5%,也是所有方法中最稳定的。

(4)与现行行业标准的对比

根据现行的《电动汽车用电池管理系统技术条件》(GB/T 38661—2020)[251]要求,SOC 的估算精度要求不大于 10%,在 25~35 ℃和 5~15 ℃两个温度范围内分别选择一个温度点进行实验,实验要求的电池状态包括 SOC≥80%、30%≤SOC≤80%以及 SOC≤30%,并且使用一种充放电工况。

尽管本书使用的公开数据集,无法严格满足现行标准的测试要求,但第 3.4.1 节中的测试实验包含了 25 ℃、10 ℃、0 ℃条件下的四种驱动循环工况,电池的 SOC 涵盖了 5%~100%的状态,可以认为该节中的实验结果是有一定参考价值的。按照现行标准对表 3-10 中的测试结果重新计算,25 ℃条件下四个混合驱动循环测试的平均 MAE、平均 RMSE 和最大误差分别为 0.46%、0.61%和 4.14%,10 ℃条件下四个混合驱动循环测试的平均 MAE、平均 RMSE 和最大误差分别为 0.61%、0.75%和 3.36%。实验结果表明,所提出的方法满足了现行行业标准的要求,这证明了所提出方法的可用性。

3.6 基于 Informer 的锂电池荷电状态估计模型

3.6.1 Informer 神经网络

Informer 模型整体结构由编码器和解码器两部分组成。编、解码器又包含位置信息嵌入层、多头概率稀疏自注意力层和卷积蒸馏层。Informer 模型整体结构如图 3-54 所示。

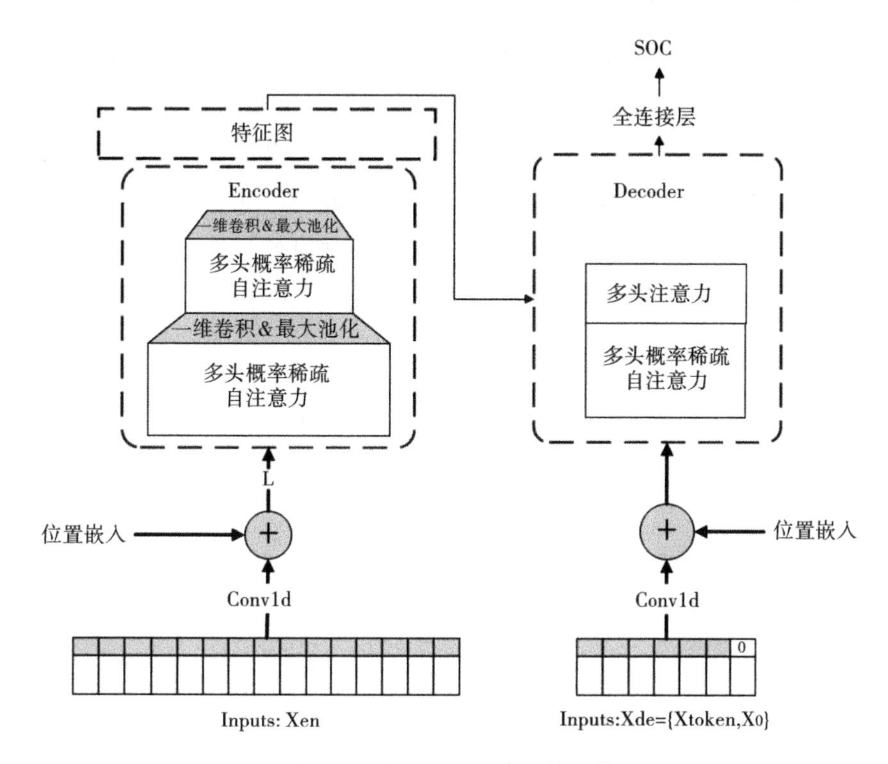

图3-54　Informer网络结构示意图

(1)位置嵌入层

使用Transformer结构解决时间序列预测问题需要为输入特征添加上下文信息,即相关时间信息。位置编码的方式有很多,这里对每一个时刻的输入信息按正余弦函数的线性变换进行位置编码,以此来获取某一时刻的输入信息在整个输入序列中的位置。具体计算方式如下:

$$PE_{(pos,2i)}=\sin\left(\frac{pos}{10000^{2i/d_{model}}}\right) \tag{3-16}$$

$$PE_{(pos,2i+1)}=\cos\left(\frac{pos}{10000^{2i/d_{model}}}\right) \tag{3-17}$$

其中,pos和i分别表示当前数据在输入序列中的位置和维度,d_{model}是对原始数据进行升维操作时设定的维度。这种位置编码具有的重要性质是两个位置编码的点积可以反映出两个位置编码间的距离。

(2)概率稀疏自注意力

注意力机制最初是由 Treisman 提出,通过计算输入信息的注意力概率分布关注重点特征,强化对输出影响较大的参数以增强模型预测能力。而自注意力机制则是对序列自身计算注意力求取内部自相关权重,关注重要特征,融入样本局部动态信息,提高预测精度,如图 3-55 所示。Transformer[252]中的自注意力机制采用了标准点积计算方式,其核心过程就是通过点积运算求的查询向量和键向量的相似度,然后作用于值向量得到整个权重和输出,具体计算如式(3-18)所示。

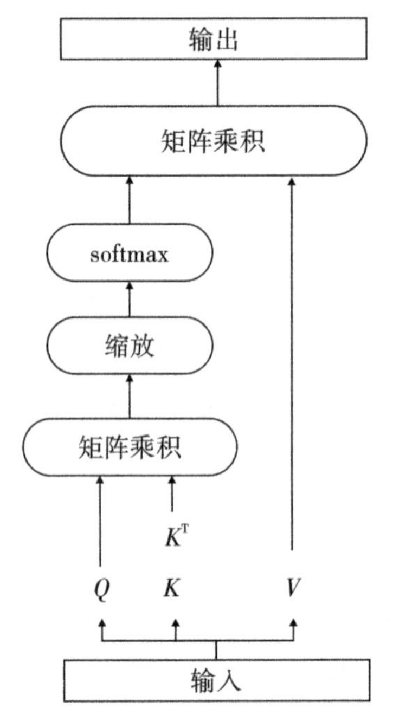

图 3-55 自注意力计算机制

$$\text{Attention}(\boldsymbol{Q},\boldsymbol{K},\boldsymbol{V}) = \text{softmax}\left(\frac{\boldsymbol{Q}\boldsymbol{K}^{\mathrm{T}}}{\sqrt{d}}\right)\cdot \boldsymbol{V} \tag{3-18}$$

其中,$\boldsymbol{Q},\boldsymbol{K},\boldsymbol{V}$ 均由同一输入向量通过系数矩阵变化得来,因此称为自注意力机制。根据不同任务的需求,若输入序列的长度为 L,通过公式可以看出每个注意力层进行矩阵运算的时间复杂度为 $O(L^2)$,随着输入序列的增长,其运算复杂度将呈平方式上升。并且 Transformer 模型解码器中有多个自注意力模块构成,若包含 T 个模块那么长输入序列堆叠层总内存使用量为 $O(T*L^2)$,这限制了模型的可伸缩性。

同时通过对注意力得分分布(图3-56)分析可以看出,少部分的点积对对主导注意力贡献大,剩余点积对的贡献小几乎可以忽略。对影响点积对计算的权值进行置零操作,仅保留一定比例的大权重,使自注意力计算过程中主要关注有用部分,突出主导注意力,使模型具有挖掘深度特征能力,进而提升预测精度。

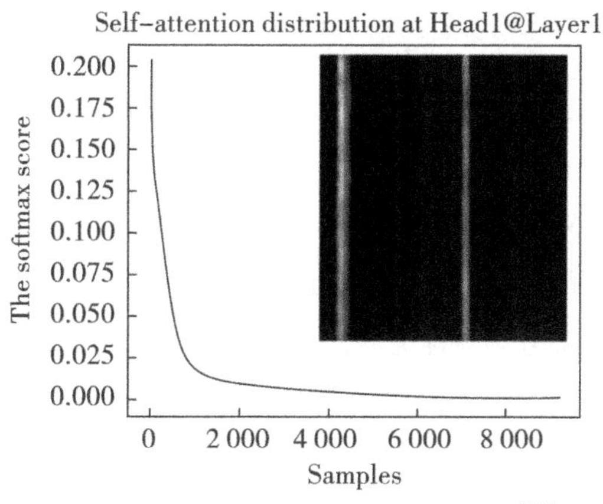

图3-56　自注意力机制得分分布图[60]

通过对注意力得分可视化分析,Zhou 等在文献[253]中得出原始自注意力得分存在长尾分布特点的结论,并提出概率稀疏自注意力。概率稀疏自注意力计算过程首先是对整体查询向量进行重要性评估,并由超参数 μ 决定将会有多少查询向量进行后续的点积计算,而剩余的查询向量则直接赋值为均值。概率稀疏自注意力算法具体计算过程如表3-12所示。

表3-12　概率稀疏自注意力

准备条件:Tensor $\boldsymbol{Q}\in\mathbf{R}^{m\times d}$,$\boldsymbol{K}\in\mathbf{R}^{n\times d}$,$\boldsymbol{V}\in\mathbf{R}^{n\times d}$
1:设置超参数 c , u = $c\ln m$ 和 U = $m\ln n$ (其中, m 为查询矩阵维度, n 为键矩阵和值矩阵维度)
2:从 K 中随机选取 U 个点积对组成 $\bar{\boldsymbol{K}}$($\bar{\boldsymbol{K}}$ 即为每个 query 都随机采样部分的键值矩阵)

续表 3-12

准备条件:Tensor $\boldsymbol{Q}\in\mathbf{R}^{m\times d}$,$\boldsymbol{K}\in\mathbf{R}^{n\times d}$,$\boldsymbol{V}\in\mathbf{R}^{n\times d}$
3:计算采样得分 $\bar{\boldsymbol{S}} = \boldsymbol{Q}\bar{\boldsymbol{K}}^{\mathrm{T}}$
4:按行计算稀疏性得分 $M = \max(\bar{\boldsymbol{S}}) - \mathrm{mean}(\bar{\boldsymbol{S}})$
5:选取 M 中得分最高的 u 个查询向量组成新的稀疏查询矩阵 $\bar{\boldsymbol{Q}}$
6:计算概率稀疏注意力得分 $S_1 = \mathrm{softmax}(\bar{\boldsymbol{Q}}\boldsymbol{K}^{\mathrm{T}}/\sqrt{d})\cdot\boldsymbol{V}$
7:剩余查询向量不参与点积计算直接取均值及最后得分,$S_0 = \mathrm{mean}(\boldsymbol{V})$
8:最终得到自注意力特征图为 $S = \{S_1, S_0\}$

经研究发现,传统自注意力机制不同的查询序列对应的注意力权值分布并非全部都有所侧重,部分序列趋近于均匀分布,也就是所谓的惰性分布,相应有所侧重的部分则被称为激活分布。利用 KL 散度可以对这两种分布进行区分,所以本书通过式(3-19)判断查询向量稀疏性。

$$\bar{M}(q_i, K) = \max_j\left\{\frac{q_i k_j^{\mathrm{T}}}{\sqrt{d}}\right\} - \frac{1}{L_k}\sum_{j=1}^{L_k}\frac{q_i k_j^{\mathrm{T}}}{\sqrt{d}} \tag{3-19}$$

式中,$\bar{M}$ 为用来计算第 i 个查询向量与键矩阵的相关度的函数。其中,j 表示键矩阵的第 j 个键向量。

(3)多头自注意力

多头自注意力机制将输入映射到不同的子空间,可以使模型从不同角度理解输入的序列,增强了注意力的表达能力。各头分别关注不同层次时序数据的隐含信息以捕捉到细粒度特征,最终的输出集成了多样化的特征信息,均衡单一注意力可能产生的偏差。计算过程由式(3-20)、式(3-21)所示。其中 H 表示注意力头数量,可训练参数矩阵 $\boldsymbol{W}^{O}\in\mathbf{R}^{d_m\times d_m}$,$\boldsymbol{W}_h^{Q,K,V}\in\boldsymbol{R}^{d_m\times d_k}$,$d_k = d_m/H$。

$$\mathrm{MultiHead}(\boldsymbol{Q},\boldsymbol{K},\boldsymbol{V}) = \mathrm{Concat}(\mathrm{head}_1,\cdots,\mathrm{head}_H)\boldsymbol{W}^{O} \tag{3-20}$$

$$\mathrm{head}_h = \mathrm{probSparseAttention}(\boldsymbol{Q}\boldsymbol{W}_h^{Q},\boldsymbol{K}\boldsymbol{W}_h^{K},\boldsymbol{V}\boldsymbol{W}_h^{V}) \tag{3-21}$$

(4)编码器结构

具体的编码器结构如图 3-57 所示。编码器主要作用为提取输入序列长距离相关性以及输入数据的深度特征。考虑到概率稀疏自注意力计算过程中,剩余注意力值较低的查询向量在最终运算中直接取平均值,产生了较多的无用信息。为了在深层特征提取过程中使模型结构更多地关注主导注意力,突出其作用,这里采用卷积和池化操作对自注意力特征图进行蒸馏,对具有支配作用的优势特征进行特权化特征提取。从第 j 层到第 $j+1$ 层推进的实现过程由式(3-22)表示。

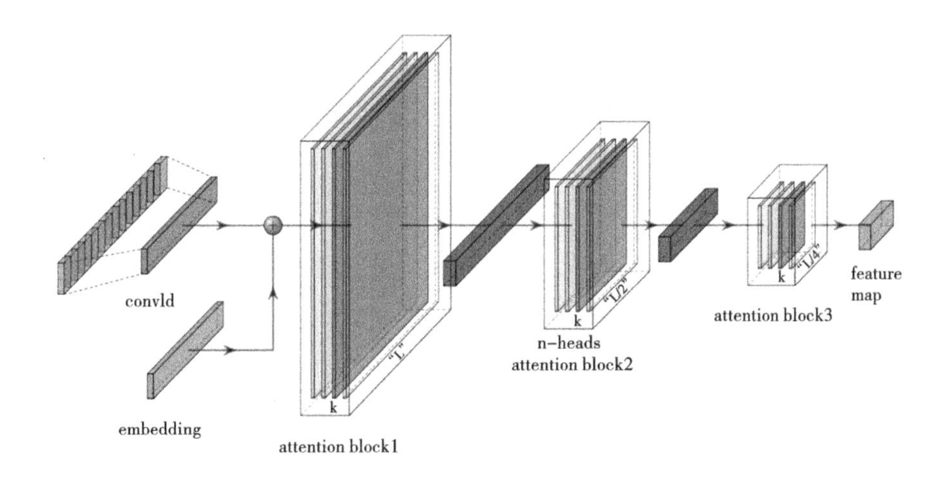

图 3-57　Informer 的编码结构

$$X_{j+1}^{t} = \text{MaxPool}(\text{ELU}(\text{Conv1d}([X_j^t]_{AB}))) \tag{3-22}$$

3.6.2　基于 Informer 的电池 SOC 估计模型

基于 Informer 的电池 SOC 估计模型具有编码器和解码器两个部分。首先在编码器结构中模型的输入特征包括测量电池的电流、电压和温度,输出的是模型在高基向量空间中所提取特征 C_t。通常利用电池的当前运行状态信息来估计当前的 SOC 值。然而,当前的 SOC 值不仅仅与当前的状态信息相关,同时也依赖于历史的 SOC 值。所以我们模型的训练方程如式(3-23)所示。

$$DS = \{(\boldsymbol{\psi}_t, SOC_t) \mid t = 1, \cdots, N\} \tag{3-23}$$

式中,$\boldsymbol{\psi}_t$ 为模型的输入向量,SOC_t 为 t 时刻的估计值。将 $\boldsymbol{\psi}_t$ 展开可得到式(3-24)。

$$\psi_t = [X_t\, X_{t-1} \cdots X_{t-t_0}] = \begin{bmatrix} V_t & V_t & \cdots & V_{t-t_0} \\ I_t & I_t & \cdots & I_{t-t_0} \\ T_t & T_t & \cdots & T_{t-t_0} \end{bmatrix} \tag{3-24}$$

其中，$\boldsymbol{X}_t = [V_t, I_t, T_t]^{\mathrm{T}}$ 表示在 t 时刻收集到的电压、电流和温度值，t_0 的大小表示将多少的历史数据考虑到对当前 SOC 值的估计中。最终的输入向量长度 L 数据与 $t_0 + 1$ 相等。通常来讲，L 越大训练中所使用收集到的数据越多，模型的复杂性也会增加；降低输入数据的长度会降低模型复杂性，但也可能导致模型无法提取更多有用的信息，估计精度变差。

通过滑动窗口技术对原始数据进行处理获得了编码器的输入向量 $\boldsymbol{X}_t^{\mathrm{en}} = \boldsymbol{\psi}_t$，首先使用位置信息嵌入层对输入序列进行时间编码，即将计算得到的位置编码向量与输入向量进行整合获得进行模型特征提取的初始特征序列，本书将经过位置编码后的特征序列定义为 $\mathrm{feature}_0 = \mathrm{Conv1D}(\boldsymbol{X}_t^{\mathrm{en}}) + \mathrm{PE}$。然后采用多个由多头概率稀疏自注意力和卷积层组成的神经网络模块进行深度特征提取，其中特征提取工作主要是由多头概率稀疏自注意力层完成，计算过程为 $\mathrm{Multi}\mathbf{A}(\boldsymbol{Q},\boldsymbol{K},\boldsymbol{V}) = \mathrm{Concat}(h_1^{\mathrm{en}},\cdots,h_m^{\mathrm{en}},\cdots,h_H^{\mathrm{en}})$，编码器第一层注意力计算中 $\boldsymbol{Q} = \boldsymbol{K} = \boldsymbol{V} = \mathrm{feature}_0$，$H$ 表示注意力的头数，$\mathrm{Multi}\mathbf{A}$ 是多头注意力的输出向量，单头注意力计算过程可表示为 $h_m^{\mathrm{en}} = \mathrm{probSparse}\mathbf{A}(feature_0\, \boldsymbol{W}_h^Q, \mathrm{feature}_0\, \boldsymbol{W}_h^K, \mathrm{feature}_0\, \boldsymbol{W}_h^V)$。蒸馏层则用于降低模型的空间复杂度。最终经过多个特征提取模块生成编码器特征图 C_t。

解码器结构与编码器流程大致相同，不同之处在于解码器的输入序列以及自注意力计算过程中的所设计的运算向量。首先，解码器的输入序列长度与编码器不同，表示为 $X_t^{\mathrm{de}} = \mathrm{Concat}(\boldsymbol{\Phi}_t^{\mathrm{token}}, \boldsymbol{\Phi}_t^0)$。其中，$\boldsymbol{\Phi}_t^{\mathrm{token}} = [\varphi_{t-1}, \varphi_{t-2}, \cdots, \varphi_{t-t_1}]$，$t_1 < t_0$。解码器的输入序列为更加靠近待预测时刻的相关电池变量数据，这一变化降低了模型的运算量并且使模型从不同长度的输入向量中学习特征的长短期相关性。在基于 transformer 的模型中，为了防止未来信息的泄露，需要对待预测时刻的信息进行屏蔽处理，即 $\boldsymbol{\Phi}_t^0$，具体操作过程是将 $\boldsymbol{\Phi}_t^0$ 设置为零的目标序列占位符。参考文献[254,255]，本书的解码器的输入特征维度也不同，$\varphi_{t-1} = [V_{t-1}, I_{t-1}, T_{t-1}, \mathrm{SOC}_{t-1}]^{\mathrm{T}}$。解码

器结构中的第二层自注意力运算采用的是原始注意力计算机制，运算过程中的 $\boldsymbol{K}=\boldsymbol{V}=\boldsymbol{C}_t$，$\boldsymbol{Q}$ 来自上一个解码器的多头概率自注意力输出向量。经过对解码器上输入的电池相关变量信息与编码器上提取的深度特征图进行注意力运算，捕获特征间的相关性，最终通过全连接层得到估计的电池 SOC 值。整体细致的模型结构搭建图如图 3-58 所示。

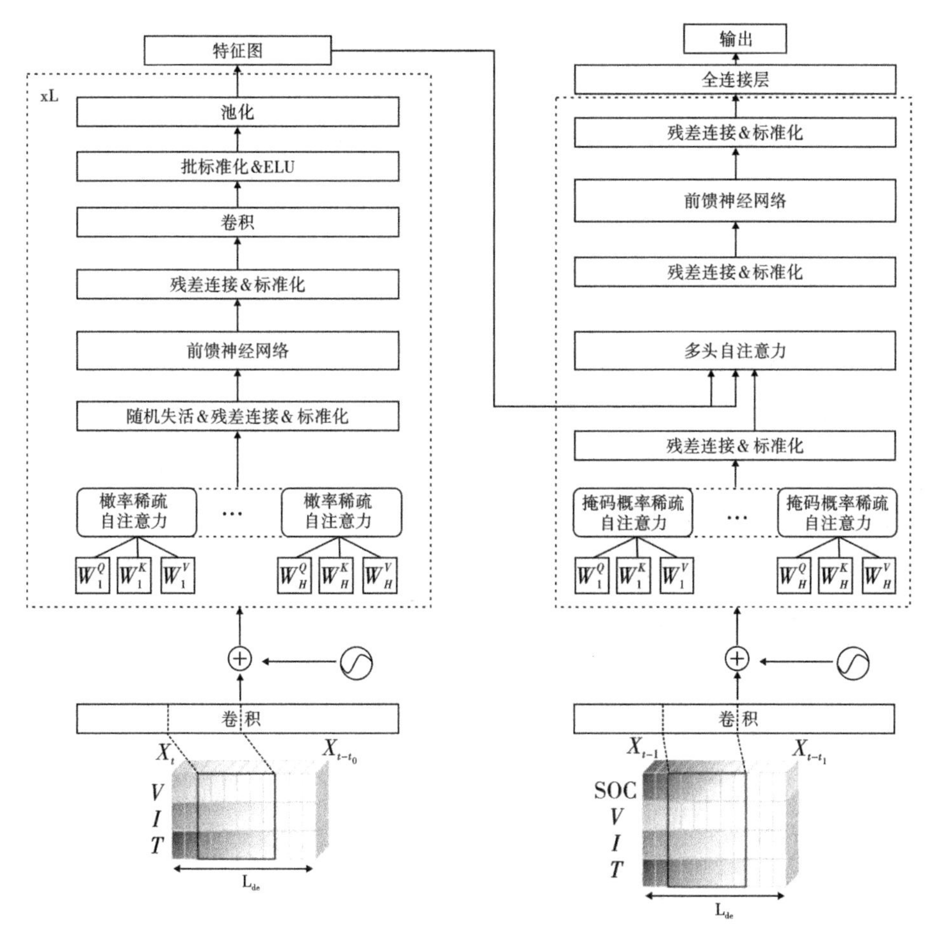

图 3-58　基于 Informer 的电池 SOC 估计方法结构

3.6.3　神经网络搭建

(1)实验环境

实验使用 Python 语言编写程序，使用 Pytorch 深度学习库来搭建模型，使用 pandas 和 numpy 处理数据集，使用 scikit－learn 进行数据分析，使用 matplotlib 进行可视化。集成开发环境选择的是 pycharm 和 jupyter notebook。

（2）模型评价指标

实验过程中选用了三种评价指标来衡量模型的精度，它们分别是平均绝对误差、均方根误差以及最大误差（MAE，RMSE，MAX）。三种评价指标定义如下：

$$\mathrm{MAE}=\frac{1}{n}\sum_{i=1}^{n}|y_i-\hat{y}_i| \tag{3-25}$$

$$\mathrm{RMSE}=\sqrt{\frac{1}{n}\sum_{i=1}^{n}(y_i-\hat{y}_i)^2} \tag{3-26}$$

$$\mathrm{MAX}=\mathrm{Max}|y_i-\hat{y}_i| \tag{3-27}$$

（3）模型构建

①损失函数

本实验采用平滑的平均绝对误差（Huber Loss）作为损失函数，用来检测预测值和真实值之间的偏差。Huber Loss 综合平均损失和绝对损失的优势，克服了两者的缺点，使损失函数具有连续的导数，并且利用均方误差梯度随误差减小的特征，可取得更精确的最小值。具体计算公式如下：

$$L_\delta[y,f(x)]=\begin{cases}\frac{1}{2}[y-f(x)]^2, & |y-f(x)|\leqslant\delta\\ \delta|y-f(x)|-\frac{1}{2}\delta^2, & \text{其他}\end{cases} \tag{3-28}$$

②优化器

优化器利用损失函数得到的损失值对各层权重进行微调，以降低当前输入的损失值。由于深度神经网络参数量大，在权重梯度下降过程中存在局部最小点，优化过程中若在局部最小值附近微调会导致网络陷入局部极小值，导致无法找到全局最小点。

因此，本书选择 Adam 作为优化器，该方法结合了 AdaGrad 和 RMSProp 两种优化算法的优点，其对梯度的一阶矩估计和二阶矩估计进行综合考虑计算出更新步长，使得梯度下降过程更快、更稳定，并且 Adam 优化器可以根据历史梯度的震荡情况和过滤震荡后的真实历史梯度对变量进行更新。

③学习率策略

在模型训练的过程中，开始阶段模型的权重一般是随机初始化的，若直接选用一个较大的学习率对模型进行训练可能会出现不稳定的震荡现象。为了缓解以上问题，本书选择的学习率策略为带热重启（warmup）的余弦退火（cosine decay）技术，即在设定的迭代次数区间（预热过程）中学习率从零开始线性增加到优化器中的预设学习率，之后学习率的变化趋势遵循余弦函数，从设定的学习率大小降低到零。这种学习率调参策略可以逃离当前局部最优点，寻找新的局部最优点，需通过实验测试得到较优的迭代次数作为学习率下降的标志。图3-59展示了25 ℃下设置学习率自迭代次数为1 000时开始下降的整体学习率变化趋势。

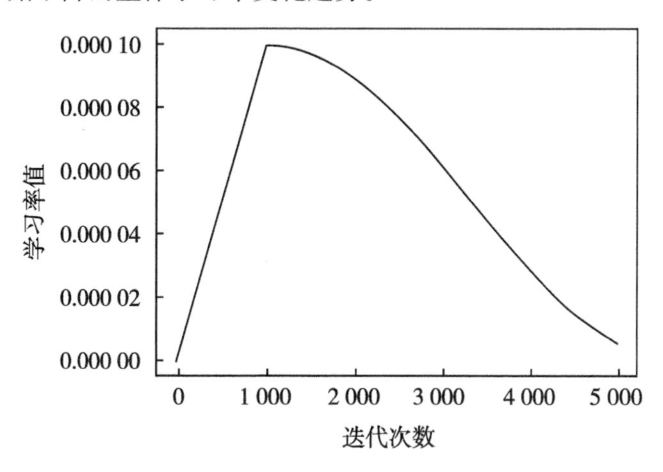

图3-59　学习率变化趋势

④模型超参数

模型预测的准确程度很大程度上依赖于超参数的选择，本书模型涉及的超参数包括输入的时间步长、批处理大小、学习率开始下降时间、稀疏自注意力中 c 的选择以及注意力头数量等，多次试验记录的模型最优超参数如表3-13所示。

表 3-13　超参数选择情况

超参数	数值设置
编码器输入维度	3(V、I、T)
编码器层数/解码器层数	3/2
注意力头数	12
采样因子 c	10
批处理大小	64
dropout	0.1
学习率	0.000 1
嵌入向量维度(d_{model})	512
激活函数	GeLU
损失函数	Huber
学习率开始下降时间(迭代次数)	1 000

3.6.4　实验结果及分析

(1)数据集划分

在本章节各个实验中,所使用的训练工况为 Mixed1 ~ Mixed6,验证集所用工况为 Mixed7 ~ Mixed8,测试集所用工况为 UDDS、LA92、US06。

(2)不同自注意力计算模式下的模型性能比较

本书共提到了两种自注意力计算机制分别是传统自注意力机制以及概率稀疏自注意力机制,这一小节通过在训练过程中加载不同的注意力计算模式对模型进行参数调整。最终不同注意力模式下模型的性能对比如图 3-60 ~ 图 3-62 所示。根据图 3-60 可以看出,Informer 模型所提出的概率稀疏自注意力机制与传统自注意力机制相比具有更好的性能,也可以看出,传统自注意力机制中确实存在贡献小的计算过程,对这些部分进行稀疏处理降低了模型的时间复杂度,并且在进行电池 SOC 估计任务中也提高了模型的性能。

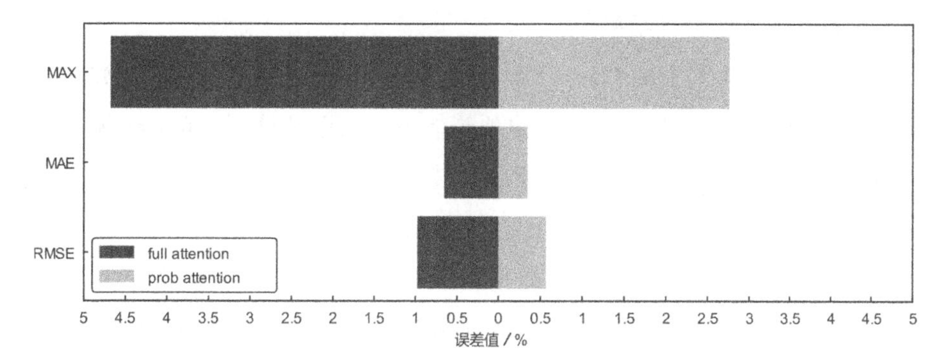

图 3-60 不同注意力计算方式的性能比较

在使用概率稀疏自注意力机制的过程中,需要确定的超参数包括注意力头数和采样因子,通过多次实验对比不同的超参数值,最终确定采样因子 c 为 10,注意力头数为 12。

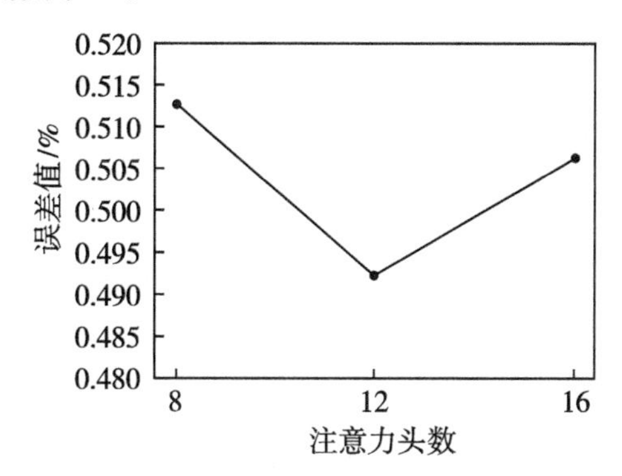

图 3-61 不同尺度多头注意力的性能比较

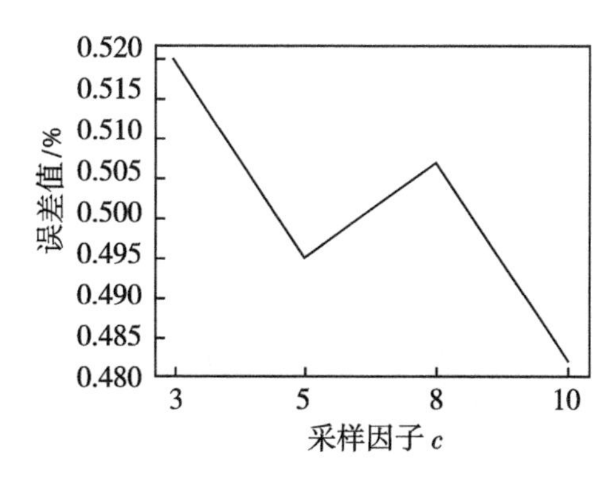

图 3-62 不同采样因子影响下的性能比较

(3)室温下的估计结果

本节使用25 ℃下的LG-HG数据集去训练和验证模型,选用了MAE和RMSE两个评价指标来评估模型的预测能力。室温条件下Informer模型对电池SOC的估计效果如图3-63所示。其中,图3-63(a)~(c)为各工况下的SOC估计曲线图,图3-63(d)~(f)为估计值与实际测量值的误差曲线图。模型具体估计效果所呈现的指标如表3-14所示。各工况下的平均MAE和平均RMSE分别是0.36%和0.45%。实验结果证明,Informer模型可以直接通过可测量变量捕获学习到原有数据的时空间特征,在单温度条件下进行可靠、准确的估计。

表3-14 25 ℃下Informer模型估计结果

指标	工况		
	UDDS	LA92	US06
RMSE/%	0.375 0	0.394 4	0.582 7
MAE/%	0.297 8	0.315 9	0.454 7

以上实验结果为单次训练过程中获得的估计结果,为了使结果更具有统计学意义,本书做了五次重复实验,五次实验在三种评价指标上的表现分别如图3-64所示。最终平均的RMSE、MAE、MAX分别为0.65%、0.43%和2.9%,可以看出所提Informer模型具有良好的估计性能,可以实现较高精度的估计。

图3-63 25 ℃下模型在测试集下的估计效果

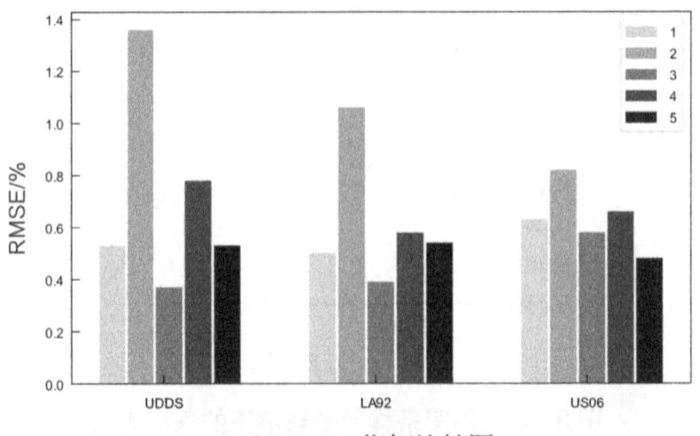

(a) RMSE指标比较图

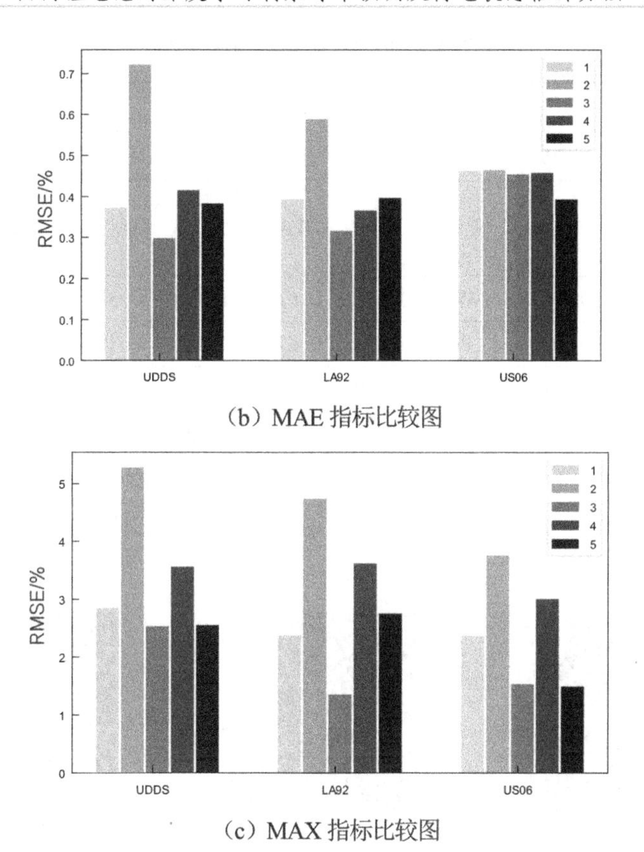

(b) MAE 指标比较图

(c) MAX 指标比较图

图3-64　多次重复试验下的不同评价指标性能比较

(4)多温度下的估计结果

电池在不同温度条件下具有的不同化学特性会导致电池放电行为的差异。例如,在0 ℃下无再生制动能量。本节数据集划分与上一节相同,不同之处在于所用数据数量。LG数据集包含了六种温度条件,这里的训练数据将包含6×8个循环。多温度条件下训练的模型在各个温度下的估计结果如表3-15、图3-65 ~ 图3-70所示。在多温度数据集训练下获得最终的平均MAE和RMSE为0.427 4%和0.500 6%。从结果可以看出,本书提出的Informer模型可对多种温度条件下的电池SOC进行估计,在极限低温-20 ℃下平均MAE也达到了0.36%。

表 3-15　多温度条件下的估计结果

温度/℃	工况								
	LA92			US06			UDDS		
	MAE	RMSE	MAX	MAE	RMSE	MAX	MAE	RMSE	MAX
0	0.399 2	0.473 4	1.471 2	0.532 3	0.614 7	1.820 1	0.364 7	0.418 2	0.936 2
10	0.415 7	0.484 9	1.365 5	0.539 1	0.627 1	2.021 7	0.389 0	0.454 2	1.336 7
25	0.435 1	0.506 5	1.337 9	0.528 8	0.636 3	2.063 0	0.391 0	0.446 9	1.040 7
40	0.454 1	0.541 0	1.309 5	0.581 1	0.680 6	2.127 2	0.397 4	0.477 5	1.367 3
-10	0.375 5	0.438 4	1.137 9	0.457 2	0.538 2	1.692 6	0.340 4	0.389 3	0.795 2
-20	0.351 1	0.415 8	1.283 7	0.389 5	0.466 1	1.723 5	0.351 5	0.401 4	0.826 2

图 3-65　多温度条件下对 10 ℃数据的估计结果

图 3-66　多温度条件下对 25 ℃数据的估计结果

图 3-67　多温度条件下对 40 ℃数据的估计结果

图 3-68　多温度条件下对 0 ℃数据的估计结果

图 3-69　多温度条件下对-10 ℃数据的估计结果

图 3-70　多温度条件下对-20 ℃数据的估计结果

在视觉领域的相关研究已经证明，基于注意力机制的模型结构比其余深度学习神经网络模型训练速度更快，训练所需时间更少。在锂电池 SOC 估计领域中，研究人员多通过训练所需迭代次数来表示训练时长，这里以从开始训练到达到收敛的 epoch 数为对比指标，将本书提出的模型与其他估计方法相比较，验证本实验的训练时长优势，具体如表 3-16 所示。

表 3-16　训练所需时期对比

所用模型名称	epoch 数	所用时间/min	文献
本书模型	8	11	—
1D-CNN	100	—	
FCN	1000	—	[256]
LSTM	500	—	[257]
GRU	100	—	[258]
DAE-GRU	1000	—	[259]

将本书所提模型所用训练次数与其他文献中模型进行比较发现，本书所用 epoch 数最少，所用时间仅为 11 min。有效缩短了模型训练的时间，所用模型具备充分利用 GPU 并行计算的能力。

(5)与其他估计方法的比较

在应用基于数据驱动的深度学习算法对电池 SOC 估计领域中[260]，各研究主要应用模型可分为循环神经网络、卷积神经网络、混合神经网络以及本书所提模型所属的 Transformer 模型。将本书所提的 Informer 估计方法与其他方法进行比较，具体比较结果如表 3-17 所示，可以看出本书所提方法具有良好的估计性能，其估计精度较高。

表 3-17　不同 SOC 估计方法的比较

方法	类型	室温条件下		多温度条件下	
		RMSE/%	MAE/%	RMSE/%	MAE/%
Informer	Transformer	0.519 7	0.391 5	0.500 5	0.427 3
S-Transformer	Transformer	0.905 6	0.445 9	1.191 4	0.650 2
GRU	Recurrent	1.068 6	0.487 7	1.385 6	0.584 7
LSTM	Recurrent	1.138 1	0.534 1	1.449 8	0.730 0

续表 3-17

方法	类型	室温条件下		多温度条件下	
		RMSE/%	MAE/%	RMSE/%	MAE/%
Resent	Convolutional	1.334 9	0.785 9	1.363 6	0.777 1
FCN	Convolutional	1.555 5	0.964 2	1.780 8	1.081 0
GRU-FCN	Hybird	1.447 7	0.822 8	1.621 5	0.926 9
LSTM-FCN	Hybird	1.777 1	1.195 4	1.924 8	1.155 2

3.7 本章小结

由于深度学习模型存在缺乏不确定性表达的缺点,第 3.3 节提出了一种利用具有不确定性表达能力的贝叶斯模型平均 BMA 将多个深度学习模型融合的方法,该方法不仅可以弥补不确定性表达的不足,还进一步提高了模型的预测精度,更为基于深度学习模型的 RUL 预测方法提供了一种新思路。从算法的效率角度看,融合方法总体上消耗的时间很长,效率不高。总之,第 3.3 节提出的融合方法适合在样本数据相对充分的前提下对精度要求高但速度要求不高的应用场合。

第 3.4 节介绍了所设计的 TCN 模型如何将电压、电流和温度直接映射到电池的 SOC,并通过其专门设计的膨胀因果卷积结构,可以有效捕获锂电池测量数据中的长期依赖关系,用于 SOC 的估计。与传统方法相比,该方法不需要人工建立电池模型,模型可以在训练过程中通过自我学习来拟合电池测量变量与 SOC 之间的非线性关系,且将电池运行的其他测量参数直接映射为 SOC 的方式更适合车载系统。分别在固定温度和多温度条件下对模型进行了训练和广泛测试,在多温度条件下证明了仅通过一个模型就可以估计不同温度和工况下锂电池的 SOC,所有测试结果的平均 MAE 低至 0.67%,最大误差控制在了 4.22% 以内,证明了所提出的基于 TCN 的锂电池 SOC 估计方法具有良好的精度和鲁棒性。同时,浮动温度下的测试也证明了此方法具有较好的泛化能力。

此外,还针对小样本数据集无法很好地令深度神经网络模型进行训练的问题，通过实验测试了将模型在其他数据集中学习到的电池测量变量与SOC之间的关系利用迁移学习技术传递给新模型的可行性。这展示了迁移学习在减少训练时间、提高SOC估计精度和减少所需训练数据量方面的前景。

第3.5节基于对锂电池SOC估计模型数据预处理结构的研究，围绕所设计的U-Net和TCN模型进行了多温度、多工况条件下的实验。实验结果表明，所提出的方法可以在不同条件下准确估计锂电池的SOC。通过消融实验证明了所设计的基于一维卷积的U-Net结构对提升模型估计精度的帮助，不同环境温度和工况测试结果的平均MAE为0.65%，最大误差控制在了4.5%以内，优于其他使用了同一数据集的深度学习方法。同时，所设计的模型在浮动温度条件下所有测试的平均MAE控制在了2.88%，证明了其良好的泛化能力。此外，实验证明了所提出的基于U-Net和TCN的锂电池SOC估计方法整体上满足现行行业标准的要求，展示了此方法有进一步改善并应用于实际的潜力和价值。

第3.6节中介绍了所设计的Informer模型如何使用电池相关数据将其映射为电池荷电状态值，采用自注意力机制捕获电池数据中的长短期依赖关系，并且其中的多头概率稀疏自注意力有效降低了原自注意力计算过程中的时间复杂度，编码器中的蒸馏层降低了模型的空间复杂度。与传统方法相比，该方法不需要人工建立电池模型，模型可以在训练过程中通过自我学习来拟合电池相关变量数据与SOC之间的非线性关系。分别在固定室温和多温度条件下对模型进行了训练和广泛测试，在多温度条件下证明了仅通过一个模型就可以估计不同温度和工况下锂电池的SOC，所有测试结果的平均MAE低至0.42%，最大误差控制在了2.2%以内，证明了所提出的基于Informer的锂电池SOC估计方法具有良好的精度和鲁棒性。

第4章 面向小样本困境下电动汽车锂电池的深度学习状态估计方法

4.1 小样本困境下迁移学习概述

迁移学习的思想是从一个或多个源域任务中得到一些有用的知识或经验,然后将这些知识或经验应用于新的目标任务中,其启发于现实生活中人类学习过程中的举一反三。在计算机相关研究领域中,迁移学习是针对训练样本有限情况下的有效学习方法,缓解了因训练数据量不足导致的深度学习模型过拟合现象。迁移学习在电池荷电状态估计中的应用是先在一种电池数据集上对深度学习模型进行训练,然后以预训练深度学习模型参数值为基础在另一种电池数据集上再进行训练。训练过程中一部分参数被冻结,即在二次训练过程中参数保持不变;另一部分参数未冻结,允许它们在训练过程中变化并获得新的值。

在迁移学习领域中整个迁移学习过程由域和任务来定义。其中,域由特征空间 X 以及概率分布 $p(x)$ 构成,通常表示为 $D=\{X,p(x)\}$ 。任务 T 由标签空间 Y 和一个预测函数 $f(x)$ 构成,$f(x)$ 是通过模型训练得到的。域可进一步划分为源域 D_s 和目标域 D_t ,对于给定的源域 D_s 和任务 T_s 、目标域 D_t 和任务 T_t ,迁移学习的目的是利用从 D_s 和 T_s 中学习到的知识帮助 D_t 中的目标预测函数 $f(x)$,其中 $D_s \neq D_t$, $T_s \neq T_t$, $P_s(X) \neq P_t(X)$ 。根据域和任务的不同可以将迁移学习划分为归纳式迁移学习(inductive transfer learning)、无监督式迁移学习(unsupervised transfer learning)以及转导式迁移学习(transductive transfer learning)。本章假设不同种类电池数据的特征空间 χ 和概率分布 $P(X)$ 是不同且相关的,而对不同类型电池进行荷电状态估计则属于相同的任务,属于转导式迁移学习领域。迁移学习的本质是一种机器学习算法,可以结合深度网络框架构成深度迁移学习,因此迁移学习能够同时具有深度学习的应用优势;在分析方法方面,深度迁移学习也是一种数据驱动型方法,其深度网络具有较强的非线性拟合能力,能够实现数据驱动建模。

传统的深度学习估计电池 SOC 的框架如图 4-1 所示。基于深度迁移学习估计 SOC 的框架如图 4-2 所示。在深度迁移学习中主要包括特征提取、特征迁移以及跨域 SOC 估计三个方面。

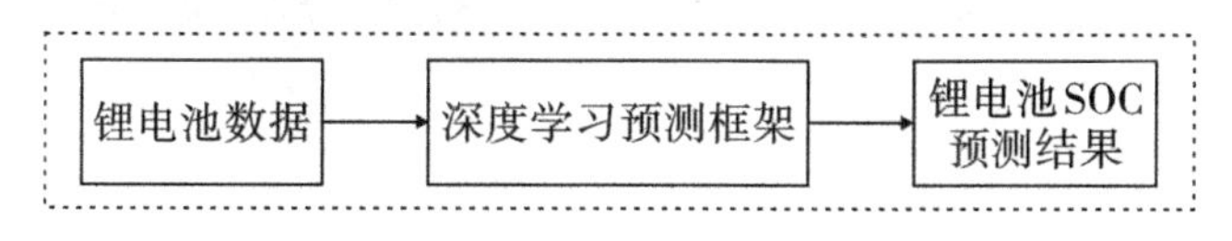

图 4-1 传统 SOC 估计框架

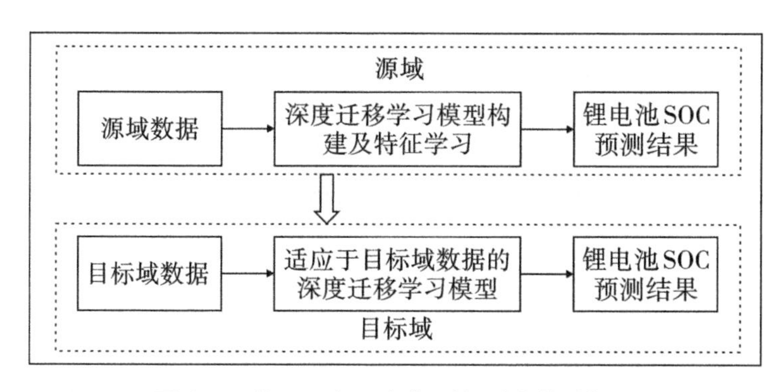

图 4-2 基于深度迁移学习的 SOC 估计框架

微调(Fine-tune),利用源域中的辅助样本对深度学习模型进行预训练,随后使用目标域的样本集对预训练模型的特定层的参数进行微调,其原理如图 4-3 所示。通过图 4-3 可以发现,微调的实质就是利用辅助样本集预训练网络模型,提取辅助样本集中的知识和信息。然后根据目标域的数据集微调特定层的权重参数,使微调之后的网络模型更符合目标域任务的需要。这在一定程度上解决了深度网络模型训练过程中的冷启动问题,使模型训练速度得到提高。

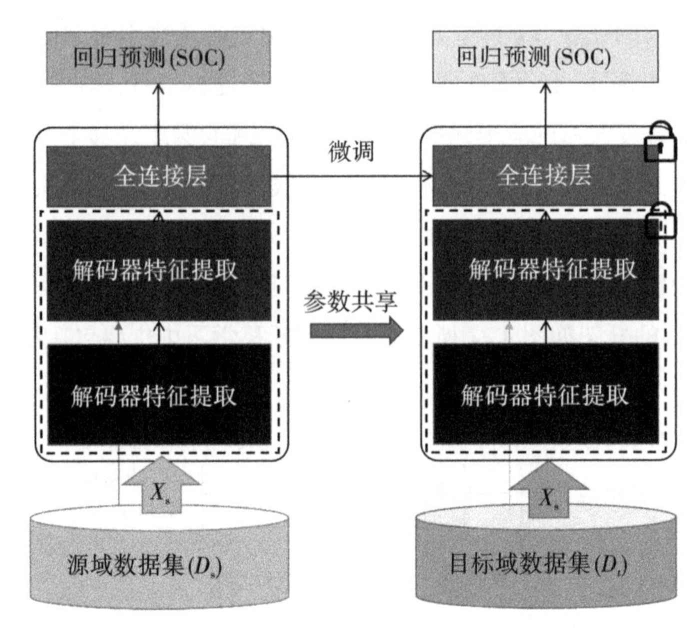

图 4-3　基于微调的深度迁移神经网络估计 SOC 方法框架图

领域自适应方法可分为样本自适应、特征层面自适应和模型层面自适应等。域对抗自适应(domain adversarial learning)[261]是 Ganin 等人首次将对抗的思想引入迁移学习领域总结出的网络模型。在他们的总结中,特征提取器和标签分类器构成了一个前馈神经网络,在特征提取器后面,加上一个域分类器,特征提取器提取的信息会传入标签分类器进行分类任务的训练,同时提取到的特征也会输入到扮演着鉴别器角色的域分类器中,它的训练目标是尽量将输入的信息分到正确的域类别(源域还是目标域),特征提取器的训练目标却恰恰相反,它的作用类似于生成器,其目的在于产生与领域类别无关的特征表示,即在模型训练过程中域分类器无法正确判断出其提取特征的所属类别(源域还是目标域),特征提取器与域分类器形成一种对抗关系。因此在训练的过程中,对来自源域的有标签数据,网络不断最小化标签分类器的损失。对来自源域和目标域的全部数据,网络不断最小化域分类器的损失。

4.2　基于最大均值差异度量的电池荷电状态估计模型

4.2.1　总体思路

与微调的迁移学习策略不同,在某些特定条件下收集到的目标域数据远小于源域数据,其数据数量过小,无法满足深度学习模型收敛的需要,所以除了迁移预训练模型中的一般特征外,仍需要源域数据辅助学习目标任务的特征。其主要思想是将源域高级特征和目标域高级特征映射到同一空间中,通过一定的技术缩小二者之间的差异,来达到源域数据辅助提取目标域高级特征,从而使深度网络模型更适应于目标任务的目的,思路如图4-4所示。

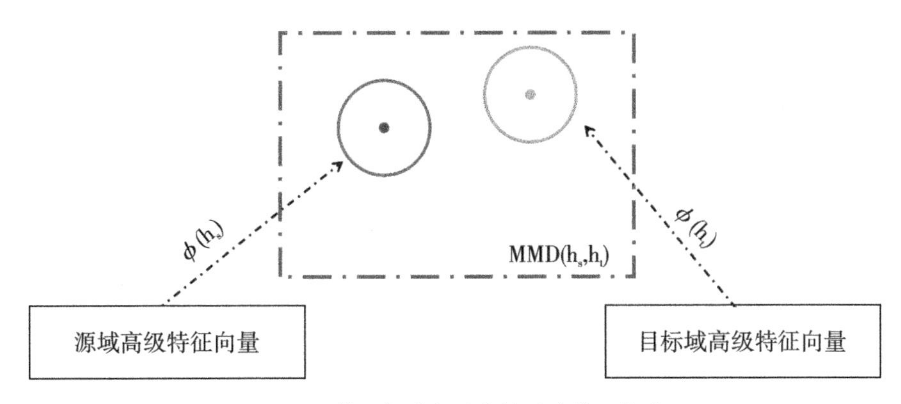

图4-4　基于领域自适应的迁移学习策略

最小化域间特征是通过最大平均差值(maximum mean discrepancy,MMD)实现的,作为一种非参数方法,其可以有效地测量再生核希尔伯特空间(reproducing kernel Hilbert space,RKHS)中的一阶分布散度。给定两个数据集 $X=\{x_i\}_{i=1}^{n_1}$ 和 $Y=\{y_i\}_{i=1}^{n_2}$,X 和 Y 之间的 MMD 定义为

$$\mathrm{MMD}_{\mathcal{H}}(X,Y)=\sup(E_{\mathrm{p}}[\Phi(x)]-E_{\mathrm{q}}[\Phi(y)]) \tag{4-1}$$

式中,$\mathcal{H}$ 表示 RKHS,$\Phi(\cdot)$是从原始数据空间到 RKHS 的非线性映射

函数,p 和 q 表示两个数据集的概率分布。一般来说,$\Phi(\cdot)$的特征空间具有无限个维数。为了得到显式的结果,MMD 进一步平方得到式(4-2)。

$$\mathrm{MMD}_{\mathcal{Y}}^2(X,Y)=\left\|\frac{1}{n_1}\sum_{i=1}^{n_1}\Phi(x_i)-\frac{1}{n_2}\sum_{j=1}^{n_2}\Phi(x_j)\right\|_{\mathcal{Y}}^2$$
$$=\frac{1}{n_1^2}\sum_{i=1}^{n_1}\sum_{j=1}^{n_1}k(x_i,x_j)-\frac{2}{n_1 n_2}\sum_{i=1}^{n_1}\sum_{j=1}^{n_2}k(x_i,y_j)+\frac{1}{n_2^2}\sum_{i=1}^{n_2}\sum_{j=1}^{n_2}k(y_i,y_j) \tag{4-2}$$

式中,$k(\cdot)$ 是内核函数。多数使用了高斯径向基函数(radial basis function,RBF),即 $k(x_i,y_j)=\exp(-\|x_i-y_j\|^2/2\gamma^2)$ 。由于在使用不同的核时,概率分布可以从不同的统计量来描述,因此进一步利用多核 MMD 方案(MK-MMD)来提高域适应性能。N_k RBF 内核的组合表示如下:

$$K(x_i,y_j)=\sum_{i=1}^{N_k}k_i(x_i,y_j) \tag{4-3}$$

式中,k_i 表示带有带宽参数 γ_i^2 的 RBF 内核。在电池 SOC 估计的情况下,源数据和目标数据之间的 MMD 可以写为

$$\mathrm{MMD}_{\mathcal{Y}}^2(X,Y)=\left\|\frac{1}{M}\sum_{i=1}^{M}\Phi(\mathrm{x}_i^s)-\frac{1}{n_{t,\mathrm{lab}}}\sum_{j=1}^{n_{t,\mathrm{lab}}}\Phi(x_j^t)\right\|_{\mathcal{Y}}^2$$
$$=\frac{1}{M^2}\sum_{i=1}^{M}\sum_{j=1}^{M}K(x_i^s,x_j^s)-\frac{2}{M\,n_{t,\mathrm{lab}}}\sum_{i=1}^{M}\sum_{j=1}^{n_{t,\mathrm{lab}}}K(x_i^s,x_j^t)+ \tag{4-4}$$
$$\frac{1}{n_{t,\mathrm{lab}}^2}\sum_{i=1}^{n_{t,\mathrm{lab}}}\sum_{j=1}^{n_{t,\mathrm{lab}}}K(x_i^t,x_j^t)$$

式中,M 为充放电数据中的源样本总数,即 $M=\sum_{j}^{N_s}n_{s,j}$ 。

通过将非线性映射函数学习和域自适应两个优化目标结合,本节提出了考虑域差异的网络用于电池荷电状态估计。该网络包含两个流,以同时处理源数据和目标数据。这两个流中的网络参数在训练过程中被共享。然后,将学习到的高级抽象特征输入到由全连接层组成的回归模块中。通过非线性映射,可以得到估计的电池荷电状态。基于上述体系结构,该网络考虑优化目标有源数据的预测损失 $\mathcal{L}_s$ 以及源域和目标域之间高级特征的域差异损失 $\mathcal{L}_{\mathrm{MMD}}$。预测损失的优化方法 $\mathcal{L}_s$ 是将之间的预测误差最小化,旨在建立原始信号与电池 SOC 之间的映射关系。这是一个典型的回归问

题,其利用了 Huber 损失。

最终的优化目标可总结如下:

$$\mathscr{L} = \mathscr{L}_s + \propto \mathscr{L}_{\mathrm{MMD}} \quad (4-5)$$

其中, ∝ 为惩罚系数。在本章将 ∝ 设置为 1。训练过程由于源域数据和目标域数据量不同,将会面临数据不平衡的问题。为了提高目标域小样本数据的影响,更有效地计算 MMD 度量,通过采样的方式复制目标域数据,将采样数增加到源数据的大小。具体的模型训练流程如图 4-5 所示。

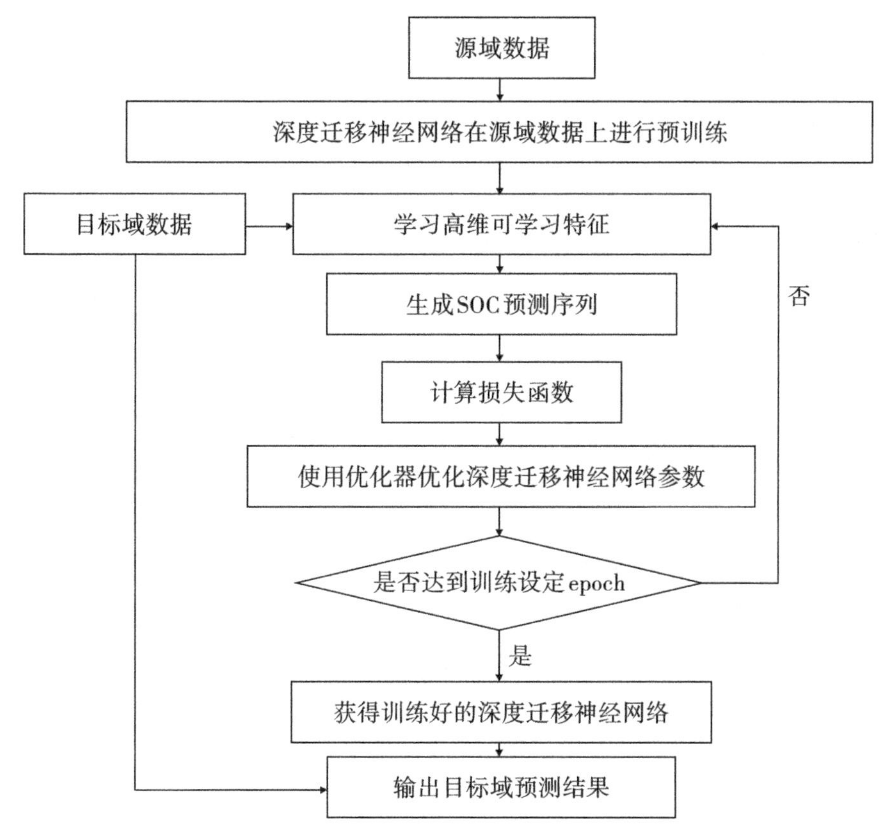

图 4-5　深度迁移 Informer 模型训练流程

4.2.2　室温条件下的 SOC 估计方法泛化性能测试

将已经训练好的室温条件下的稀疏化 Informer 模型作为预训练模型,冻结前面参数只使用 Panasonic 电池数据对模型最后一层进行重新训练。训练过程中训练数据集包括 Cycle1 ~ Cycle4 循环下采集到的电池数据,NN 循环下的数据作为验证集,所涉及的测试工况与原 LG 数据集测试工况相同,为 LA92、UDDS、US06 数据集,并且对训练数据进行切分,产生不同量级的训练数据对模型进行训练,具体结果如表 4-1 所示。

表 4-1 稀疏化 Informer 在室温条件下的泛化性能实验结果

评价指标	训练数据集量级				
	20%	40%	60%	80%	100%
RMSE/%	0.492 0	0.463 8	0.260 2	0.327 3	0.395 5
MAE/%	0.350 8	0.350 3	0.218 2	0.276 0	0.344 2

4.2.3 变化温度条件下的 SOC 估计方法泛化性能测试

本节所用数据为松下数据集中变化温度测试条件下获得的动态数据,其温度为 10 ~ 25 ℃,而多温度条件则是将不同温度情况的数据进行拼接整合。这一小节所使用的预训练模型为第 3 章节中所训练出的多温度条件下 60% 剪枝率下获得的最优模型,同样采用了基于 Fine-tune 的迁移学习方法。模型学习过程中的训练和验证数据集为 train_1 ~ train_4,测试数据为 varying_cycle_1 ~ varying_cycle_1。与 5.4.1 小节一致,对训练数据进行切分,产生不同量级的训练数据对模型进行训练,具体结果如表 4-2 所示。

表 4-2 稀疏化 Informer 在变化温度条件下的泛化性能实验结果

评价指标	训练数据集量级				
	20%	40%	60%	80%	100%
RMSE/%	0.366 8	0.432 6	0.354 3	0.366 2	0.355 0
MAE/%	0.293 2	0.355 7	0.303 3	0.291 1	0.295 3

通过表 4-1 和表 4-2 可以看出,经过稀疏优化后的 Informer 模型具有良好的迁移能力,数据集充足的情况下,室温测试条件 MAE 可达到 0.34%,变化温度条件下可达到 0.29%,并且在不同量级训练数据集的对比实验中发

现，即使训练数据集降低为原来的 1/5，在同样的测试条件下估计性能也不受大的影响仍保持在一个较高的水准。在训练数据集数量以 20% 幅度递减的过程中，其测试结果有不同的变化趋势，造成这种现象的原因可以归结于训练数据的量级对稀疏化网络模型学习特征的偏向影响。由此得知，在使用这种迁移学习方式进行稀疏化模型实验时，对模型训练数据的选择亦是影响模型估计性能的重要因素。

将泛化性能实验结果与表 4-3 中其他估计方法相比可知，提出的稀疏化 Informer 在其他类型电池数据集上仍能实现准确的 SOC 估计，并且与其他需使用大量训练集的方法相比，所提 SOC 估计方法在预训练模型基础上仅使用原训练数据集的 20%，即可在变化温度环境中实现高精度估计，MAE 和 RMSE 分别可达到 0.29% 和 0.36%。表 4-1、4-2 所展示的模型在不同数据条件下的估计性能证明了稀疏化 Informer 具有在复杂情况下准确估计其他类型锂离子电池 SOC 的能力。

表 4-3　Panasonic 数据集下各估计方法结果对比

估计方法	25 ℃		多温度		文献
	MAE	RMSE	MAE	RMSE	
GRU	1.075	—	—	—	[262]
Ro-LSTM	0.40	0.79	—	—	[263]
LSTM	0.77	1.11	—	—	[263]
FCN	0.70	0.85	1.55	2.00	[264]
TCN	0.535	0.75	0.66	0.87	[265]

4.2.4　不同初始 SOC 值下的跨域 SOC 估计

上述迁移学习的泛化性能测试工况均是从满充情况下进行放电的，而在实际运用场景中电池初始状态并不一定总是 100%。所以本节主要评估所提基于 Informer 的 SOC 估计方法在不同初始条件下的测试性能。同时，上述所做实验虽然证明了所提稀疏化 Informer 模型具有良好的泛化性能，并且也使用了不同量级的训练数据进行了对比试验。即使用了 20% 的训练数据，但是总体参与训练的样本数量近 10 000 条数据，且训练数据集包含了完整的放电周期。本节验证了基于领域自适应的迁移 Informer 估计方法在使用少量数据集的情况下对不同初始 SOC 值的测试工况的估计性能。

本小节所涉及的电池数据集分别是 LG 数据集以及 A123 数据集,两种电池差异较大分属不同的电池大类,分别是三元锂电池和磷酸铁锂电池。这一小节中训练数据只包含了不同测试工况下的前 70% 的数据。其中,DST、FUDS、US06 工况下参与训练的数据样本数分别是 1 517、1 408、1 437。因此,在不同初始 SOC 值的 DST、US06 和 FUDS 驱动工况下,使用自适应迁移方法评估模型的估计性能。具体结果如表 4-4 所示。

表 4-4 不同初始 SOC 情况下的估计结果

初始SOC/%	工况								
	DST			FUDS			US06		
	MAE	RMSE	MAX	MAE	RMSE	MAX	MAE	RMSE	MAX
70	1.51	2.13	7.73	1.73	2.43	7.02	1.33	1.50	2.78
60	1.43	2.19	7.97	1.21	1.86	7.66	1.56	1.67	2.79
50	1.48	2.22	7.72	0.98	1.66	7.02	1.54	1.65	2.79

根据结果我们可以看出,虽然只有少量的数据用于训练 DTNN 的自适应,但在不同的驱动周期下可以产生有效的跨域估计结果。在 25 ℃下,DTNN 产生的 RMSE、MAE 的结果分别在 2.5%、1.8% 以内。实验结果表明,这种迁移学习方法使 DTNN 能够学习在放电期间锂离子体固有变化的域共享非线性和动态特征。因此,提高了 DTNN 对不同初始 SOC 条件下的目标估计任务的通用性和鲁棒性,从而获得了良好的估计性能。

同时,在表 4-5 中比较了不同迁移模式对估计性能的影响。与基于微调的迁移学习方法相比,分布自适应方法提供了更好的估计结果。这一发现揭示了 FT 方法的不足之处,即在学习过程中,忽略了源域和目标域之间共享特征的分布差异,导致用于跨域估计的可转移特征差异较大,特别是在最大误差指标上性能表现较差。而且,可以看出基于领域自适应的迁移方法在 US06 工况下结果是最优的,出现这种情况的原因是源域训练数据中隐含了在 US06 工况下电池的放电行为特征。

表4-5　不同初始SOC测试情况在不同迁移学习策略中的估计结果比较

迁移策略	初始SOC/%	工况								
		DST			FUDS			US06		
		MAE	RMSE	MAX	MAE	RMSE	MAX	MAE	RMSE	MAX
微调	70	1.60	2.94	11.36	1.22	2.35	11.42	1.53	2.60	11.43
	60	1.78	3.14	11.02	1.39	2.56	10.90	1.70	2.79	11.36
	50	2.04	3.46	11.30	1.57	2.73	10.57	1.93	3.05	11.41
SDA	70	1.51	2.13	7.73	1.73	2.43	7.02	1.33	1.50	2.78
	60	1.43	2.19	7.97	1.21	1.86	7.66	1.56	1.67	2.79
	50	1.48	2.22	7.72	0.98	1.66	7.02	1.54	1.65	2.79

4.3　基于领域自适应的电池荷电状态估计模型

4.3.1　总体框架

这里我们使用$\{X_i,y_i\}_{i=1}^{n}$表示源域或目标域样本，其中n为样本数，$X_i=\{V_i^t,I_i^t,T_i^t\}$表示第$i$条数据的电压、电流和温度，其作为网络模型的输入特征，t为第i条数据对应的时刻。为提高模型的泛化能力，先按时间步划分数据特征，每次迭代前将所有时间窗及其对应的标签值按相同方式打乱顺序后输入到网络中，模型将LSTM作为特征提取器并进行了对抗域适应(domain adaptation)训练，因此命名为LSTM-DA。特征提取器用于源域和目标域特征的提取，域对抗试图通过特征提取器和域判别器的对抗域自适应来找到源域和目标域之间的域不变特征，其在一个模型训练过程中结合了特征提取和域适应。在源域中对模型进行预训练后，通过对预训练模型的对抗域适应训练可以直接最终的模型，并用于目标域电池的在线荷电状态估计，减少因域间差异导致的预测性能下降，更有效地将源域知识迁移到目标域的状态估计任务中，同时降低了对目标域数据量的依赖。模型整体流程如图4-6所示。

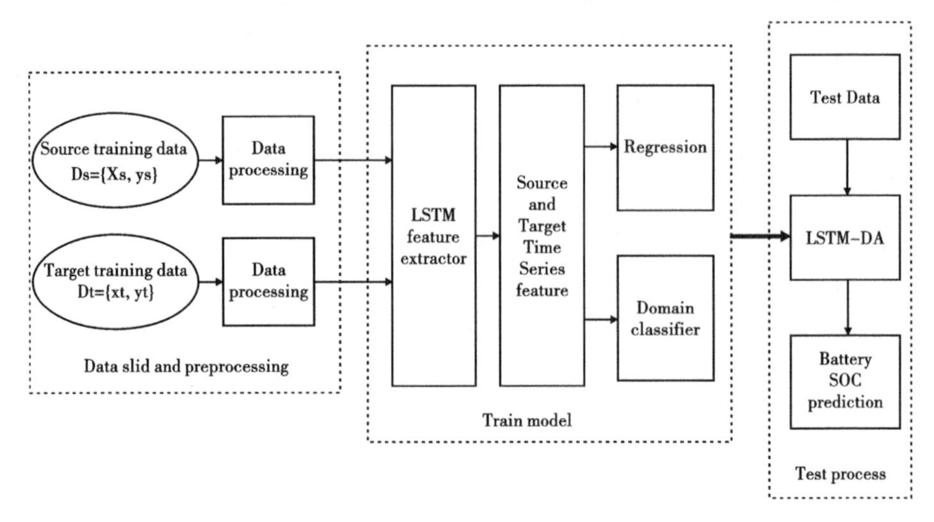

图 4-6　LSTM-DA 模型流程

LSTM-DA 结构由三个主要部分组成,包括特征提取器、回归预测器和域判别器。特征提取器是 LSTM 层,回归预测器和域判别器由全连接层组成。LSTM-DA 模型具体结构如图 4-7 所示。

图 4-7　LSTM-DA 模型

(1)特征提取器:图中绿色部分是特征提取器 F_f ,两个域的时间序列数据经过预处理后作为输入, F_f 将它们投影到域不变的特征空间中并提取特征。

(2)回归预测器:图中蓝色部分是回归预测器 R_y ,旨在根据源域和少量的目标域数据找到提取的特征与电池荷电状态之间的映射。

(3)域判别器:图中红色部分为域判别器 D_d ,同样使用来自两个域的数据进行训练,其试图区分 F_f 提取的特征是来自源域还是目标域,与 F_f 构成对抗关系,辅助特征提取器最终能提取到域不变特征。

由此构造了如下 LSTM-DA 的损失函数:

$$\text{Loss} = L_{ys}(\theta_f,\theta_y) + L_{yt}(\theta_f,\theta_y) + L_{ds}(\theta_f,\theta_d) + L_{dt}(\theta_f,\theta_d) \tag{4-6}$$

式中, $L_{ys}(\theta_f,\theta_y)$ 表示源域数据的状态预测损失, $L_{yt}(\theta_f,\theta_y)$ 表示目标域数据的状态预测损失,这里的 θ_f 和 θ_y 分别为特征提取器和回归预测模块的模型参数,提取到的特征为 $F_f(X_i,\theta_f)$,经回归预测模块 R_y 后得到最终的预测值 $R_y[F_f(X_i,\theta_f),\theta_y]$ 。

$$L_y(\theta_f,\theta_y) = L_y(R_y(F_f(X_i,\theta_f),\theta_y),y_i) \tag{4-7}$$

$L_{ds}(\theta_f,\theta_d)$ 表示源域数据的分类损失, $L_{dt}(\theta_f,\theta_d)$ 表示目标域数据的分类损失, θ_f 和 θ_d 分别为特征提取器和域判别器的模型参数。给定相应的源域或目标域样本 $\{X_i,d_i\}_{i=1}^{n}$,这里 n 为样本数, d 为对应的域标签(源域数据:0,目标域数据:1),提取到的特征为 $F_f(X_i,\theta_f)$,域判别器最终的输出为 $D_d[F_f(X_i,\theta_f),\theta_d]$ 。

$$L_d(\theta_f,\theta_d) = L_d(D_d(F_f(X_i,\theta_f),\theta_d),d_i) \tag{4-8}$$

式中的回归预测模块采用了均方误差(mean square error,MSE)作为损失函数,域判别器采用二元交叉熵损失,可以评估 0~1 之间概率输出的分类性能。

特征提取器和域判别器在 LSTM-DA 结构中扮演对抗角色,它们对域分类损失的影响是相反的。特征提取器试图最大化域分类损失,而域判别器旨在最小化域分类损失。这种同时进行的最小-最大操作不能通过神经网络反向传播过程中的梯度更新来直接实现,因此在特征提取器和域判别器之间插入梯度反转层(gradient reversal layer,GRL),以在 LSTM-DA 结构中实现这一预期目标。训练域判别器来正确识别提取特征的域标签,同时训练特征提取器以欺骗域判别器,使域判别器无法正确区分域标签。由于特征提取器和域判别器之间的对抗行为,域判别器最终无法区分提取的特征是来自源域还是来自目标域。此时,LSTM 提取的特征是域不变的。然后,可以直接应用使用来自源和目标的数据训练的 LSTM-DA 模型来帮助估计电池的荷电状态。GRL 的前向传播就是对提取到的特征进行恒等变换:

$$R_\lambda(x) = x \tag{4-9}$$

为了更灵活地控制特征提取器和域判别器的对抗训练效果，在梯度回传时设置了一个平衡系数 α，它是一个正的超参数，它随模型训练进度逐渐变化，实现了回归损失与分类损失的权衡。

$$\frac{\mathrm{d}R_\lambda}{\mathrm{d}x} = -\alpha I \tag{4-10}$$

$$\alpha = \frac{2}{1 + \exp(-\gamma \times p)} - 1 \tag{4-11}$$

$$p = \frac{j + k \times L}{m \times L}(1 \leqslant j \leqslant L/n, 0 \leqslant k \leqslant m) \tag{4-12}$$

式中，γ 通常被设置为10；p 为当前模型训练进度；j 为当前迭代的 batch 数目；k 为当前迭代的 epoch 数；L 为源域数据和目标域数据最小的总 batch 数；m 为迭代过程总的 epoch 数。

4.3.2 实验流程

将目标域 LG 数据集中三种温度下的各一个混合驱动循环 Mix(4) 中的部分数据共 8 100 条作为训练集，每种温度下的三个混合驱动循环 Mix(2,3,5) 作为模型的验证集，每种温度下的三个混合驱动循环 Mix(6,7,8) 作为最终模型的测试集。为了提高模型精度和模型收敛速度，将原始数据中的电流、电压和温度进行归一化处理并按时间窗口大小为 100 进行划分作为模型的输入，模型输出为预测的对应时刻 SOC 值，同时针对提取的特征进行了可视化操作。整体实验流程图如图 4-8 所示。

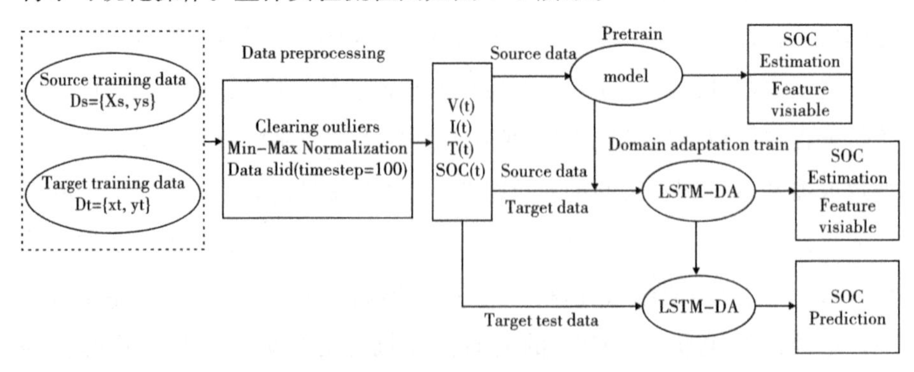

图 4-8 实验整体框图

离线训练阶段使用源域数据对模型中的特征提取器和回归预测模块进行预训练,当模型可以对源域数据实现很好的预测后,使用源域和少量目标域数据对模型进行对抗域适应训练。采用的 LSTM-DA 模型的超参数如表 4-6所示。

表 4-6　LSTM-DA 模型超参数

模型结构	参数	值
特征提取层	LSTM 层数	2
	隐含层单元个数	64
回归层	FC 层数	1
	隐含层单元个数	64
域判别层	FC 层数	2
	隐含层单元个数	100

由于加载预训练模型仅对特征提取器和回归预测模块进行了初始化,故对模型的特征提取器和回归预测模块的学习率设置为 0.01,域判别器的学习率设置为 0.05。同时由于源域和目标域数据量的差异,将源域和目标域数据的 batch_size 分别设置为 512 和 32。同时本书经过多次实验尝试设置 dropout = 0.5,表 4-7 展示了在不同 dropout 率下模型的估计的平均误差。

表 4-7　不同 dropout 对比结果

dropout	RMSE/%	MAE/%
0.1	7.71	5.17
0.2	7.31	5.34
0.3	8.17	5.79
0.4	8.71	6.09
0.5	6.59	4.71

4.3.3 特征分布可视化

特征提取器中最终的高级特征通过使用主成分分析(principal component analysis,PCA)进行处理,分析了前两个主成分(PC1、PC2)来给出直接使用预训练模型和LSTM-DA提取到的特征的分布,如图4-9所示。

图4-9 PCA分析对比

图中蓝色部分为源域数据提取特征的分析,红色部分为目标域数据提取特征的分析。图4-9(a)和(b)分别为预训练模型和LSTM-DA提取特征的情况,由两个图特征分布的对比可以看出,预训练模型中的源域和目标域数据的分布存在显著差异,这也说明了估计过程中存在着域差异现象,因此在源域数据上训练的模型无法直接对目标域数据实现较好的估计。

4.3.4 模型直接迁移的效果

本节对LSTM-S和LSTM-T在测试集上的预测结果进行了描述,LSTM-S方法是使用源域数据对模型进行训练,直接用于目标域的预测;LSTM-T方法是加载预训练模型,仅使用少量的目标域数据对模型所有层进行再训练;误差对比如图4-10所示。

图4-10 LSTM-S和LSTM-T的估计结果

图4-10中九个循环曲线分别为0 ℃、10 ℃和25 ℃三种温度下各三个由US06、LA92、UDDS和HWFET组成的混合循环。由图4-10中预测结果可看出，由于源域与目标域存在域间差异，直接应用源域数据训练的预训练模型LSTM-S对目标域数据进行预测时，预测性能较比在源域数据中的应用有明显的下降，当SOC低于40%的区间时，源域的知识无法适用于目标域的特征分布，有较大的误差。同时当目标域数据量过少时，如果仅用目标域数据对模型进行再训练，得到的模型LSTM-T遗忘了从源域学习到的知识，最终仅在部分SOC区间实现估计。

4.3.5　不同域适应训练的对比

当考虑保留模型从源域所学知识并减少域间差异时，可显著提高跨域预测的性能，在这里我们将LSTM-ST、LSTM-MMD和LSTM-DA在测试集上的估计结果进行了对比。LSTM-ST方法加载预训练模型，源域数据和目标域数据共同对预训练模型进行无域适应的再训练；LSTM-MMD方法加载预训练模型，使用MMD计算域间特征差异，源域数据和目标域数据共同对预训练模型进行域适应训练，误差对比如图4-11所示。

图4-11　LSTM-ST、LSTM-MMD和LSTM-DA的估计结果

LSTM-ST同时使用源域和目标域数据对模型进行再训练，通过扩充训练集数据量比仅使用单域数据进行再训练获得了更好的效果。LSTM-MMD在使用两个域数据进行训练的基础上在模型特征提取器后增加了一个最大平均差值约束，通过将提取到的特征映射到再生希尔伯特空间并计算一阶分布散度来指导模型进行训练，有效地减小了域间差异。

LSTM-DA并不对分布的距离进行度量，它在使用两个域数据进行训练的基础上通过域判别器进行分类来学习域间特征分布的差异,通过分类损失和梯度反转指导模型训练使特征提取器最终提取到域不变特征,模型学习到的源域知识也可以更好地应用于目标任务。由图中预测结果可看出,这三种方法保留了源域知识的同时让模型从少量的目标域数据中学习到目标任务的知识,获得了较好的估计效果,LSTM-MMD 和 LSTM-DA 这两种域适应训练比仅增加数据获得了更好的估计效果,LSTM-DA 的估计结果曲线更靠近真实的 SOC 值。

4.4 本章小结

本章从小样本困境下电动汽车锂电池深度学习状态估计方法出发,首先介绍了小样本困境下的迁移学习,接着从不同分布的距离度量和模型层面的领域自适应两方面分别介绍了小样本困境下模型的训练及具体的实验结果分析。

第5章 计算资源受限下寿命预测及状态估计深度学习模型压缩方法

5.1 深度学习模型压缩的意义及现状分析

Hinton 在 2015 年发表的一篇论文中率先提出了知识蒸馏的概念，它的作用与名字非常契合，知识蒸馏提出的初衷就是为了压缩模型，对于一个较大和较复杂的模型来说，其优点是预测性能更好以及泛化性能较强，但事物是有两面性的，太复杂的模型需要耗费大量的计算资源，对于资源受限的边缘设备很不友好，如果能保证准确度的同时降低模型复杂度将会有很大的市场前景，目前在很多领域都在寻求准确度和计算量的平衡。因此，知识蒸馏刚提出就备受研究人员的关注，它的作用原理主要是通过教师模型学习的经验帮助学生模型训练，能够使较小模型获得与教师模型相当的预测能力，最终模型参数量显著降低，如图 5-1 所示，节约计算资源的同时模型能够提升预测性能，这是知识蒸馏想要达到的效果。

目前知识蒸馏在各个领域中都被广泛使用，例如情感分析、文本分类、自然语言处理、图像分类等。Yang 等[267]将知识蒸馏作用于情感分析领域，通过教师模型训练获得的学生模型拥有更强的分析能力，相比于单一的学生模型可以拥有更好的泛化能力。Huang 等[268]利用知识蒸馏通过 MPNetGCN 大模型训练 BiGRU 学生模型，在参数量减少的同时也可以保持基准模型的文本分类效果。Rashid 等[269]将教师获取的信息通过知识蒸馏转移到学生模型，提升了学生模型的预测准确度。Xu 等[270]将知识蒸馏应用于图像分类领域，教师模型监督训练学生模型，并且获得的学生模型再进行自监督训练，经过一系列操作后，模型规模变小的同时分类效果也有较大

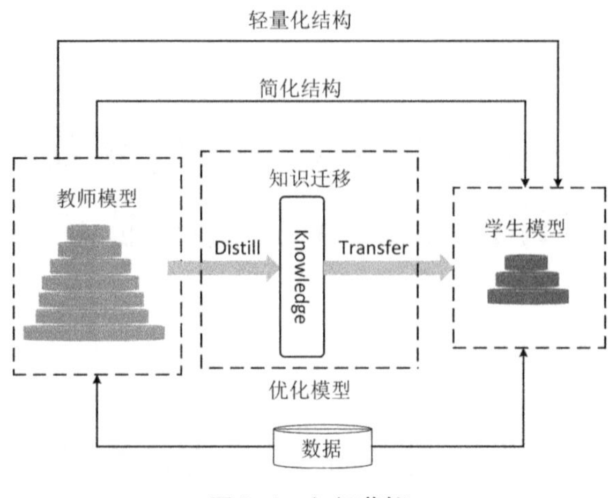

图 5-1 知识蒸馏

幅度的提升，达到了预期效果，实验结果也充分证实了这种处理方式的可行性。由于在不少领域知识蒸馏已经取得了不俗的成绩，因此，在本领域中也想尝试利用知识蒸馏的优势，在模型体量受限时也可以达到复杂模型的预测效果。

5.2 基于蒸馏技术的航空发动机寿命预测模型的压缩

利用多路径模型预测航空发动机 RUL，取得了不错的预测效果，但是模型中包含 Bi-LSTM 复杂网络，导致模型体量增加，很难部署于边缘设备。由于在实验过程中，使用复杂的模型需要大量的计算资源，以便从数据量大且高度冗余的数据集中提取出有效信息。因此，预测效果好的模型往往规模很大，甚至是由多个模型集成获得的。但是大模型不方便部署到现实系统中，主要是因为实际设备对资源部署要求高，内存资源、显存资源都非常有限。因此，模型压缩技术在保证性能的前提下减少模型的复杂度成了一个重要的研究课题。而“知识蒸馏”属于模型压缩的其中一种方法，用于解决上述困扰。知识蒸馏开始由 Hinton 在 2015 年引入，包含教师和学生两个网络结构，教师网络的规模更大，网络层次更深，学生网络则选取简单网络，参数量更少。提出知识蒸馏的主要目标是通过更深层、更复杂的教师网络的输出值用于训练一个更浅层、更简单的学生网络，即通过知识蒸馏产生更小、更浅层，参数量更少的模型（学生模型）部署于实际设备中，最终想要实现与大模型（教师模型）相当的学习能力，并且条件是学生模型应该比原始模型表现得更好。

因此，在本章节中考虑对上一章节中包含 Bi-LSTM 的两条路径进行模型压缩，两条路径的组合模型作为教师模型用于训练较小的学生模型，让学生模型拥有较高预测准确率的同时可以应用于资源受限的边缘设备。本章挑选 MS-CNN 作为学生模型出于以下两方面考虑：一方面提出知识蒸馏方法的初衷是压缩模型，使用 MS-CNN 作为学生模型最主要的原因是其网络结构比较简单，模型规模较小，符合知识蒸馏的初衷，通过蒸馏可以实现模型压缩的目的，方便部署于资源受限的实际设备中；另一方面 MS-CNN 网络能够满足时间序列预测需求，在设备运行的初期，监测数据中存在较少的机械退化信息，随着设备运行周期的推移，设备会逐渐出现退化，传感器监测数据所涉及的退化信息也就越来越多，并且由于不同传感器监测设备的位置不同，收集到的监测数据也各异，每个传感器收集的信号退化周期也不一样。所以使用 MS-CNN 网络能够通过三个不同的卷积路径分别学习数据的特征信息，三条并行的 CNN 路径利用几个不同大小的过滤器在每一层中能够提取更多的细节特征，可以显著提高网络预测性能和 RUL 预测精度。

具体来说，本章节使用了两次知识蒸馏来压缩复杂模型，整体过程可以大致分为三个阶段：第一个阶段，经过预处理的数据输入教师网络用于训练模型。第二个阶段是完成训练的教师模型会参与学生模型的训练，即教师模型的预测值帮助训练学生模型，两者之间通过损失函数建立联系，教师模型与学生模型的预测差值作为软损失，真实标签与学生模型的预测差值是硬损失，通过设置超参数 a 值大小来控制软损失以及硬损失的占比再做和运算，作为最终蒸馏模型的损失值，以此来帮助学生模型训练出更好的效果。由于知识蒸馏既可以在同构网络间进行知识传递，又可以在异构网络之间进行知识迁移。因此，本章所提方法第一次蒸馏是不同架构的知识传递，第二次蒸馏选择相同架构之间进行知识转移。第三阶段将第一次蒸馏获得的最优学生模型作为第二次蒸馏的教师模型，训练新的学生模型，经过两次蒸馏获得的学生模型进行最终的 RUL 预测，具体流程如图 5-2 所示。

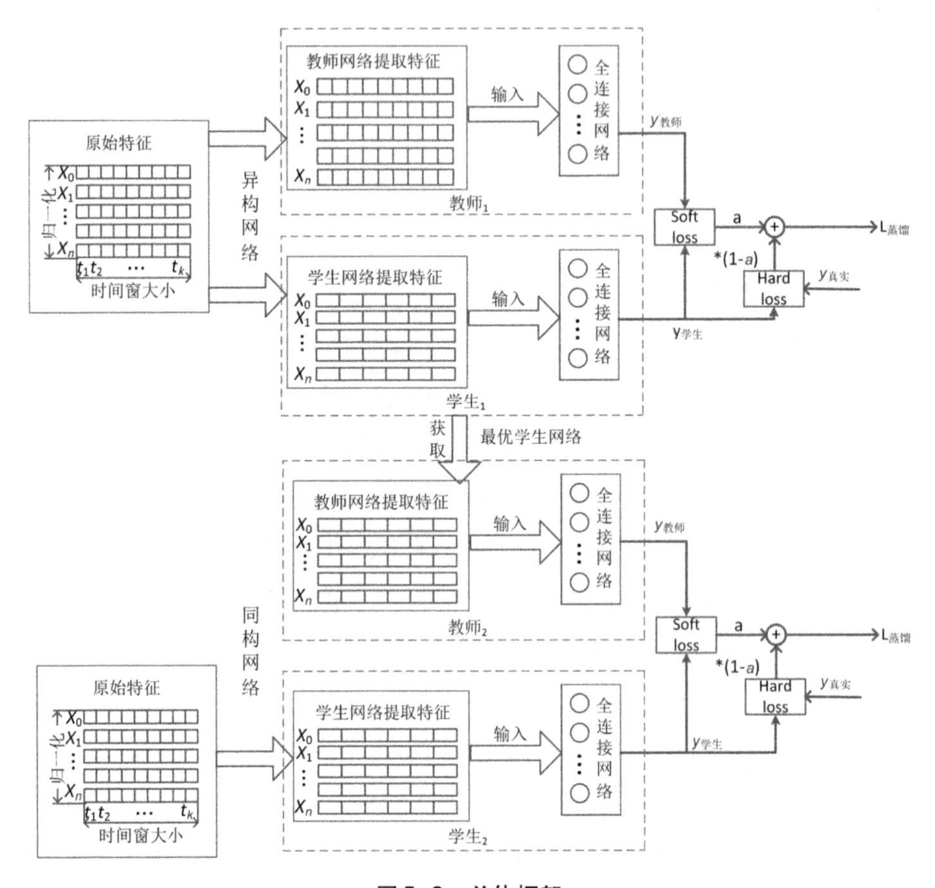

图 5-2 总体框架

知识蒸馏最先被应用于分类问题，取得了不错的效果。最近在回归问题中也受到广泛关注，本章使用知识蒸馏解决回归问题，即预测航空发动机的 RUL。与分类问题的思想类似，将教师模型的预测值作为软标签，教师预测与学生预测的差值作为软损失，真实的 RUL 标签与学生预测的差值作为硬损失，具体表达如式(5-1)、式(5-2)、式(5-3)所示。

$$l_{软} = \| y_{学生} - y_{教师} \|_2 \tag{5-1}$$

$$l_{硬} = \| y_{学生} - y_{真实} \|_2 \tag{5-2}$$

$$L_{蒸馏} = a \times l_{软} + (1 - a) \times l_{硬} \tag{5-3}$$

式中，$y_{学生}$ 为学生模型的预测值；$y_{教师}$ 为教师模型的预测值；$y_{真实}$ 为真实 RUL 标签值；a 为调节软硬损失占比的超参数；$L_{蒸馏}$ 为软硬损失乘以相应比例系数求和获得的结果，通过最小化 $L_{蒸馏}$ 的损失值，更新学生模型的参数，以此来帮助学生模型训练，这样蒸馏模型可以获得更为准确的 RUL 预测值。

5.2.1　异构网络的知识蒸馏

异构网络的教师模型主要涉及三个主体部分，具有自动学习数据时空间特征的能力，并且能够给予重要特征更大的权重。第一个主体部分是 Bi-LSTM，由于实验研究使用的数据具有很强的时间性，所以利用 Bi-LSTM 来提取特征之间的双向长时间相关性。教师模型涉及的第二个主体部分是 CNN，CNN 主要由卷积层以及池化层两个部分构成，卷积层能够通过卷积运算提取输入数据的局部特征。在卷积层之后，池化层主要目标是通过取最大值来总结特征子区域，从而减少特征图的大小。并且，卷积以及池化操作均是在第一个维度进行的，即时间维度。由于传感器搜集的数据在不同特征之间的关系并不显著，因此，教师架构的第三个主体是注意力机制，它受到人类视觉的启发，在关注图像信息时，会有选择性地关注某一区域的图像，即不同区域设置不同的权重。一方面，对于复杂的设备系统，传感器监测的原始状态特征通常与设备健康退化有不同程度的相关性。如果将这些特征平均处理很可能会影响或降低模型 RUL 预测的准确性。因此，使用注意力机制直接关注传感器收集的监测数据，在每个时间步长对原始特征进行重要性评估，另一方面，最终的 RUL 预测结果在不同的时间步长上对 Bi-LSTM 网络提取特征有不同程度的依赖性，且时间相关性可能随着健康退化程度的改变而变化。因此，必须在大量的网络提取特征中关注更重要的信息，基于这一事实，使用注意力机制关注 Bi-LSTM 不同时间步长提取特征，以获得 RUL 预测的满意精度。

将以上三个主体部分进行合理组合构成教师模型，具体涉及两条路径：

第一条路径，将原始特征输入 Bi-LSTM 学习特征的双向长时间依赖性，提取的时间特征输入注意力机制进行特征加权，给予重要特征较大的权重；第二条路径，先将原始特征传入注意力机制，输出的加权特征传入 CNN 学习空间特征，再将提取到的空间特征输入 Bi-LSTM 进一步学习时间特征，两条路径的提取特征经过特征融合后输入全连接网络获得最终的 RUL 预测值，具体流程如图 5-3 所示。

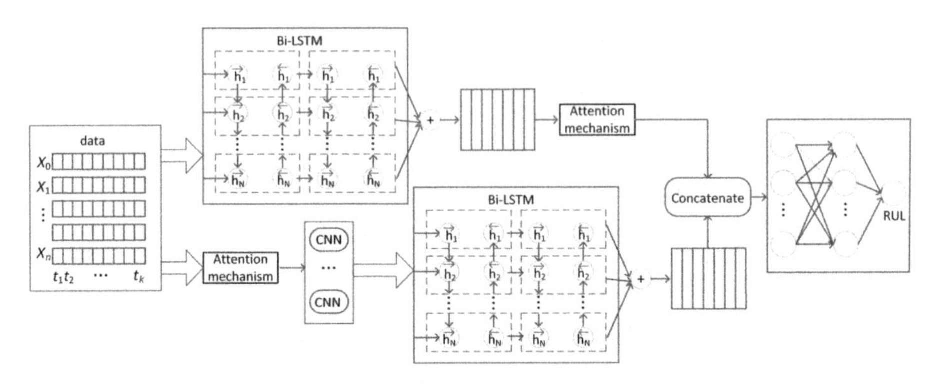

图 5-3　异构网络的教师模型预测过程

对于卷积神经网络，卷积核大小的选取非常重要，因为不同大小的卷积核从输入数据中提取到的数据信息存在较大差异，对于网络的预测准确性有很大影响。一般地，如果数据信息的分布较为分散，选择较大的卷积核更有利于模型预测，相反如果数据分布比较集中，较小的卷积核是首选。本章研究的数据集是通过传感器实时监测设备状态获得的各种信息，设备的退化会随着时间的推进而不断发生变化。在设备运行的初期，监测数据中存在较少的机械退化信息，随着设备运行周期的推移，设备会逐渐出现退化，传感器监测数据所涉及的退化信息也就越来越多。并且，由于不同传感器监测设备的位置不同，收集到的监测数据也各异，每个传感器收集的信号退化周期也不一样。因此，使用单个卷积核大小进行预测不可避免地会出现退化信息大量丢失的情况，直接导致模型预测精确度降低。为了避免这种情况的发生，本章将 MS-CNN 作为学生网络，来提高 RUL 预测准确性。

MS-CNN网络利用三个不同的卷积路径分别学习经过注意力机制处理后输出的数据特征，三条并行的CNN路径使用三个大小不同的卷积核，可以表示为$F_1\times1$，$F_2\times1$，$F_3\times1$。在特征学习过程中，三条路径之间互不影响，从不同的时间尺度中各自提取数据信息，从而保证特征学习的完整性。三条路径的CNN除了卷积核的大小存在差异，其他网络结构的参数设置均是相同的，三条路径分别学习特征之后，将获取的特征向量融合在一起，再经过展平处理，最后输入全连接网络获得最终的RUL预测结果。具体流程如图5-4所示。

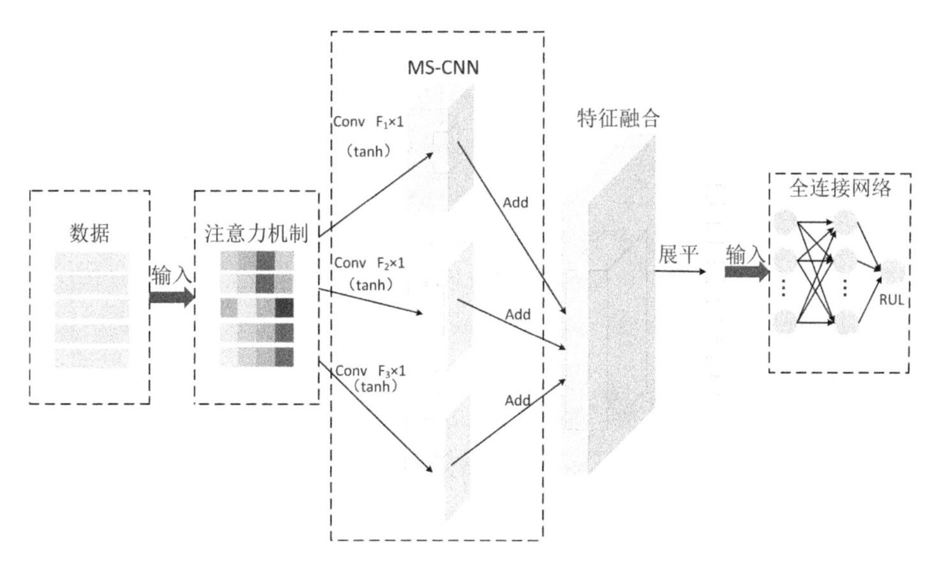

图5-4 异构网络的学生模型预测过程

整体来说，异构网络间的知识蒸馏是复杂教师模型的预测值帮助训练简单的学生模型，两者之间通过损失函数建立联系。教师模型预测值与学生模型预测值做差后作为软损失，真实标签与学生模型的预测差值是硬损失，设置不同的影响系数并通过求和获得蒸馏模型的损失值，帮助学生模型不断调参，为的是训练出更好的学生模型来获得较为准确的RUL，如图5-5所示。

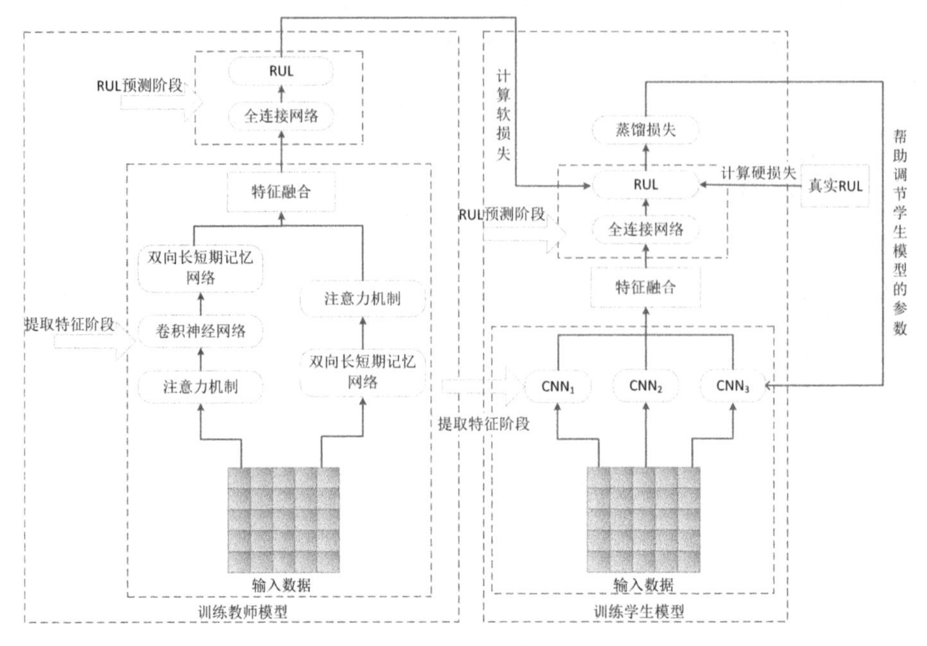

图 5-5　异构网络蒸馏过程

5.2.2　同构网络的知识蒸馏

最初,知识蒸馏被广泛用于同构网络之间进行模型压缩,即学生模型的整体结构与教师模型的整体结构相同,学生模型无需改变模型架构,通过缩小教师模型的参数量来构建新的网络。知识蒸馏是想要通过较小模型来实现较大模型相同的性能,并且经过知识蒸馏获得的学生模型预测准确性应该比学生模型自身的预测效果更好,即模型的结构不变,经过教师模型帮助训练使获得的学生模型拥有更好的预测性能。在这种情况下,知识蒸馏过程被称为自我蒸馏,其目的是学习由于随机初始化而可能在学生模型中缺失的额外特征,从而进一步提高 RUL 预测性能。

本章使用知识蒸馏通过教师模型的预测值来调节学生模型的损失函数,从而帮助学生模型更准确地预测 RUL。在同构网络中使用的教师模型以及学生模型均是 MS-CNN,其中,两者的模型架构相同,只是教师模型的体量会相对较大一些。一个典型的 CNN 主要包括卷积层和池化层,卷积层涉及多个卷积核,卷积层可以实现局部连接并且权值能够共享,使 CNN 可以平移变化。考虑使用 MS-CNN,一方面利用多个卷积层并行提取故障特征,从而可以更准确地学习特征映射关系,另一方面,不同特征的添加并不会增加所使用特征的维数。如图 5-6 所示,学生模型和教师模型的结构均包含三条架构相同的并行路径,每条路径的卷积核大小不同,这里可以表示为 $Filter_1$、$Filter_2$、$Filter_3$,从不同大小的卷积核中提取的多个退化特征作为下一池化层的输入,池化层输出的特征图将作为下一层网络的输入继续学习。池化层中教师模型与学生模型内部操作是相同的,模型输出特征再经过融合以及展平操作,最后输入全连接网络后获取 RUL 预测值。

本章第二次使用知识蒸馏是在同构网络之间,教师模型和学生模型均是使用 MS-CNN,经过第一次知识蒸馏获得的最优学生模型作为第二次蒸馏的教师模型。原始数据经过注意力机制处理后输出的特征分别传入卷积核大小不同的并行路径,其中教师模型和学生模型的卷积核大小设置相同,表示为 $Filter_1$、$Filter_2$以及 $Filter_3$,池化层使用最大池化,教师和学生模型的池化窗口大小设置相同,通过改变卷积层中滤波器的输出数量和全连接层输出空间的维度来缩小学生模型的规模。如图 5-6 所示,教师模型卷积层的滤波器输出数量 M 设置会大于学生模型输出空间的维度 m。在全连接网络中通过调节每层输出空间维度来改变学生模型参数量,学生模型在全连接网络整体参数量 n 设置小于教师模型的参数量 N,以此来达到同构网络之间的知识蒸馏。

5.2.3　实验结果与分析

(1)状态监测数据分析

本章使用的是 C-MAPSS 状态监测数据。C-MAPSS 数据集是从航空发动机系统的不同部分收集而来的,根据故障模式和操作条件的不同划分为 4 个数据集:FD001、FD002、FD003 以及 FD004。FD001 和 FD003 涉及一种操作条件且包含的传感器数据较少通常被认为是简单数据集,而 FD002 和 FD004 由于涉及 6 种操作条件且包含的传感器数据较多被认为是复杂数据集,其中,每个数据集均包含 26 列,分别是发动机号(1 列)、循环周期(1 列)、操作条件(3 列),以及 21 列传感器测量数据,最终经过传感器筛选和去

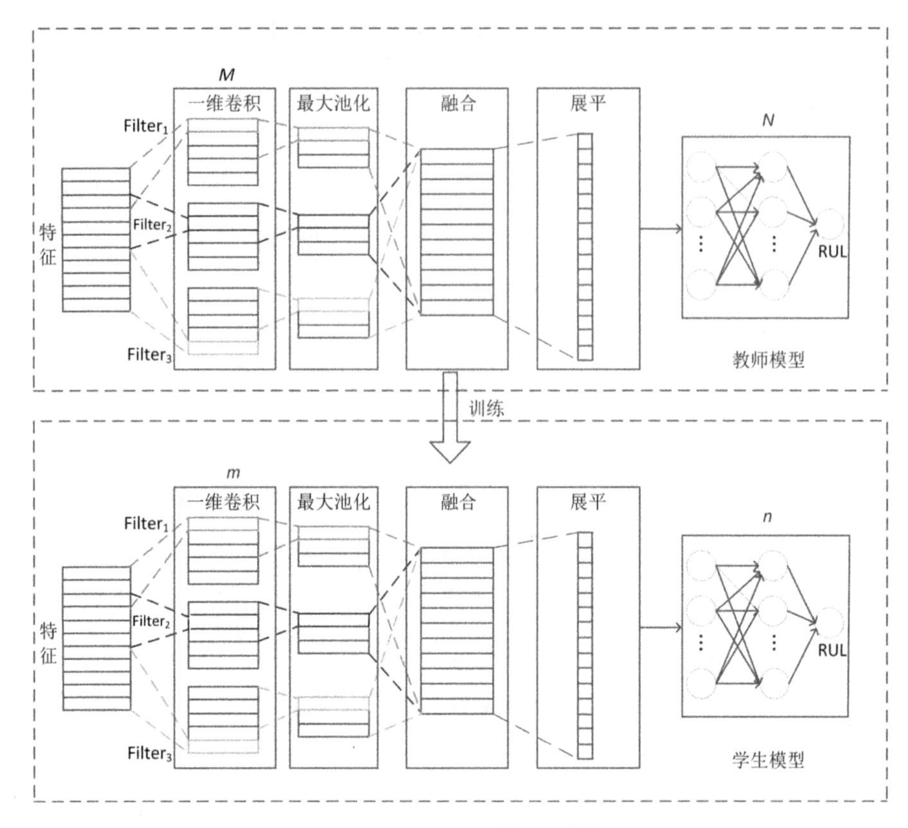

图 5-6　同构网络的知识蒸馏

除前两列数据后共 17 列数据参与模型训练。并且每个数据集又可以分为训练集和测试集，这些数据集均由多元时间序列组成，记录航空发动机从健康到故障的过程变化状态。

(2)训练流程

本章提出的知识蒸馏架构整体流程如图 5-7 所示。步骤说明如下：

第一步：数据集共涉及 21 个传感器数据与 3 个操作条件数据，如图 5-8 所示，由于传感器 1、5、6、10、16、18 和 19 在发动机运行期间测量值始终保持恒定，与发动机退化状态研究无关。因此，删除这 7 个传感器数据，选择剩余 14 个特征数据以及全部操作条件作为模型的输入特征，并且将原始数据标准化在[0,1]之间。

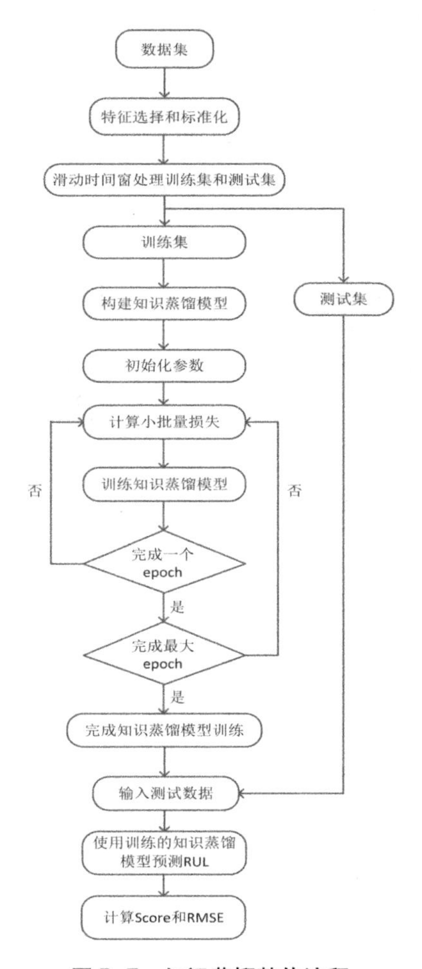

图5-7 知识蒸馏整体流程

第二步:使用滑动时间窗口处理训练集和测试集,滑动窗口沿着数据的时间维度进行处理,获得数据点之间的时间相关性。

第三步:构建知识蒸馏模型框架,设置对应的教师模型以及学生模型。

第四步:构建完成的知识蒸馏模型框架经过网络参数初始化,训练数据集被分成几个子数据集,用于训练教师模型和学生模型,先完成训练的教师模型再参与训练学生模型。将测试集输入训练结束的学生模型用于预测发动机的 RUL。

第五步:通过两个评价指标 Score 和 RMSE 来评估学生模型的预测性能。

(3)数据归一化

由于传感器监测数据的度量单位并不相同,对于原始数据进行归一化处理是必不可少的,可以加快模型收敛速度和提升模型的预测准确性。本章采用的是最大-最小归一化对原始数据进行预处理,数据值被归一化到[0,1]之间,如图5-9所示。

图5-8 传感器测量数据

图5-9 数据归一化处理

(4)滑动窗口处理

将原始数据规范化处理后数据值均在[0,1]之间,进一步使用滑动时间窗口处理原始数据,用于生成网络的输入数据,经过时间窗口处理后的输入数据可以表示为$I=[X_1,\cdots,X_n,X_{n+1},X_N]$,滑动窗口沿着数据的时间维度进行处理,可以获取相邻数据点的时间相关性,通过窗口处理将原始数据划分为多个相关联的样本,从而达到数据扩充的目的。滑动步幅L的设置很大程度上会影响样本数据量,步幅越小获得的样本数量越多。因此,一般情况下将步幅L设置为1。为了方便显示,如图5-10所示将滑动窗口的宽度设为S,其中,由第n个滑动窗口开始到第n个窗口结束获得一个样本特征。窗口滑动步幅L后,下一个样本特征是第$n+1$个窗口开始到第$n+1$个窗口结束为止,每一个样本的大小均为S,在实验中会根据原始数据来选取合适大小的时间窗长度。

(5)选择传感器数据

本章所使用的数据集是由21个传感器监测而来的,放置于设备的不同部位,测量温度、压力以及速度等,用于监测设备的健康状况,但并不是所有的监测数据都会被作为原始数据输入模型。其中,传感器1、5、6、10、16、18和19监测数据并没有表现出任何趋势变化,即测量值是恒定不变的,对于模型训练提供的有效信息较少。因此,本章选择删除这7个传感器的测量数

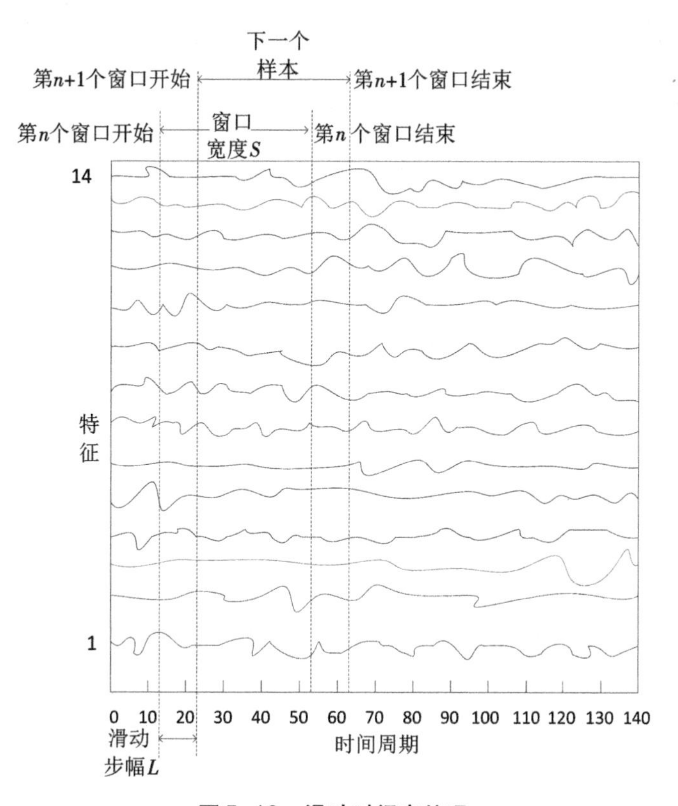

图5-10 滑动时间窗处理

据,使用剩余的14个传感器监测数据以及三个操作条件设置作为最终训练模型的输入数据。

(6)RUL目标函数

由于考虑到传感器在开始测量后的一段时间内设备仍处于健康状态,当循环周期超过拐点后设备才发生退化,剩余寿命开始逐渐下降。因此,本章采用分段线性退化函数处理了数据集,即设备初期处于健康阶段,其RUL值是恒定的,拐点后使用线性递减的RUL。在本章中设定的发动机剩余寿命如下:

$$\mathrm{RUL}(x)=\begin{cases}125, x<p \\ 125-(x-p), x \geqslant p\end{cases} \tag{5-4}$$

式中,p为设备故障生效点即拐点,$p=c-125$;x为当前数据所处循环周期;c为发动机最大循环周期数。此处将最大循环周期数设置为125。具体的寿命估计函数如图 5-11 所示。

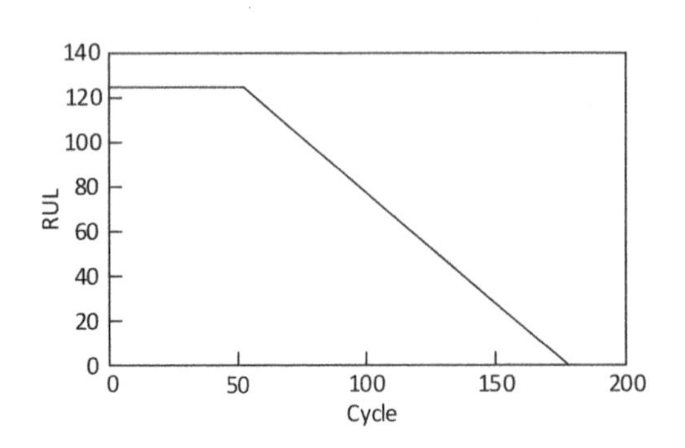

图 5-11 剩余寿命估计目标函数

本章以 FD001 数据集其中一个发动机寿命为例,其真实运行周期数为 179,经过分段标签处理后,其最长运行周期变为 125,其拐点则是 54(179-125=54),在拐点之前它的剩余寿命值为 125,被认为是处于健康状态,在拐点之后发动机开始退化,一直到发动机失效为止。

(7)实验参数设置

在本章实验中,两次使用知识蒸馏进行模型压缩。第一次蒸馏的教师模型是由两条并行路径组成,其中一条路径由注意力机制和 Bi-LSTM 组成,另一条路径由注意力机制、CNN 和 Bi-LSTM 组合而成,两条路径的提取特征融合后再经过全连接网络作为回归模块获得最终的 RUL 预测结果。经过几次训练和超参数调优后,教师模型在 RUL 预测任务上获得较高的准确性。为了确保学生模型实验结果不受超参数的影响,本章中教师模型和学生模型在每个数据集上共用一套超参数。教师模型完成训练后帮助学生模型进行训练。通过注意力机制加权关键特征后输入 MS-CNN 提取特征,输入全连接网络完成预测任务。第二次蒸馏的教师模型由第一次蒸馏获得的最优学生模型充当,学生模型的网络结构同教师模型相同,通过减少模型的参数量来实现模型压缩。具体参数信息如表 5-1 所示。

表 5-1　参数设置

数据集	处理批大小	轮次	winsize	Propout	学习率
FD001	64	40	30	0.2	0.001
FD002	128	30	50	0.2	0.001
FD003	64	40	30	0.2	0.001
FD004	128	40	50	0.2	0.001

本章采用网格搜索从 $a \in [0.0, 1.0]$ 范围内识别式(5-3)中的 a,步长为 0.1。考虑到模型初始化的随机性,所有实验结果都是多次重复实验的平均值。图 5-12 显示了式(5-3)中关键超参数 a 的影响,该参数控制了真实标签和教师模型预测值在监督学生网络训练中的贡献。两种特殊情况是 $a=0.0$ 和 $a=1.0$,分别表示只使用真实标签和只使用软标签对学生模型进行训练,其中,当 $a=0.0$ 时,表示学生模型只用真实标签做训练,相当于没有使用知识蒸馏。$a=1.0$ 在知识蒸馏过程中只参考教师模型的 RUL 预测值来指导学生模型训练,如果没有真实标签对模型训练进行修正,会导致学生模型的表现完全受教师模型预测值准确度影响。因此,本章在图 5-12 中省略了 $a=1.0$ 和 $a=0.0$ 的实验结果。在大多数情况下,较高的 a 值往往产生更好的性能。在本章的实验中,a 值分别是在 FD001、FD002 设置为 0.6,在 FD003 设置为 0.7,在 FD004 设置为 0.8 实现的预测效果最好。

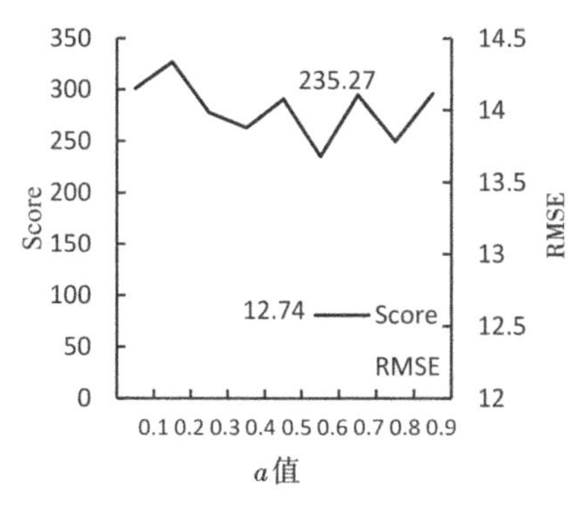

(a) FD001 评价指标值与 a 值的关系图

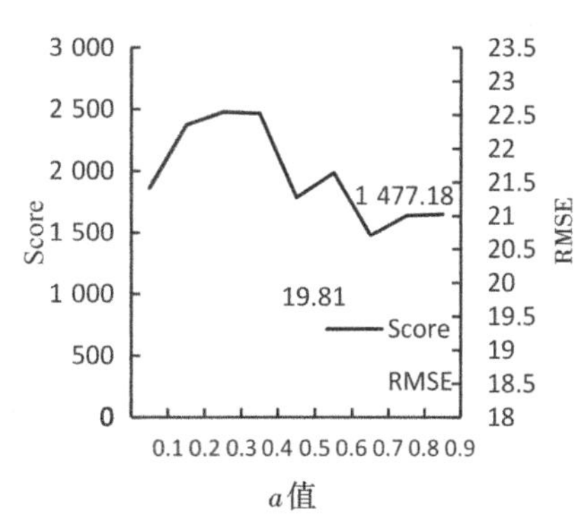

(b) FD002 评价指标值与 a 值的关系图

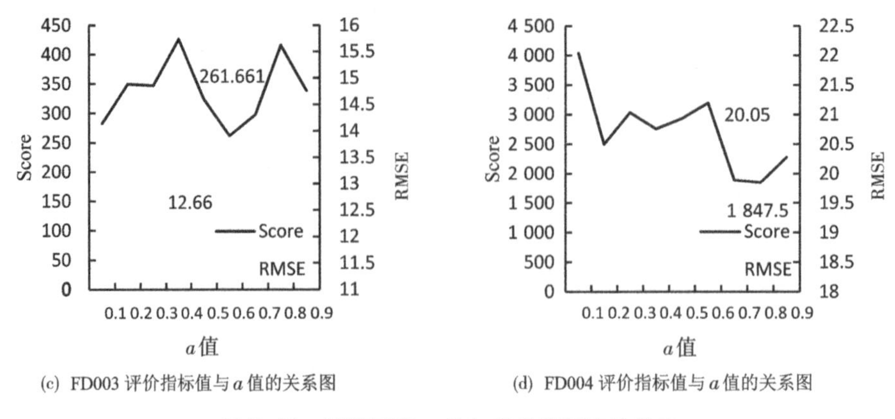

(c) FD003 评价指标值与 a 值的关系图　　(d) FD004 评价指标值与 a 值的关系图

图 5-12　蒸馏系数 a 值与评价指标值的关系

(8)结果及分析

①消融实验。

由于本章使用了两次知识蒸馏来压缩模型,分别是在异构网络和同构网络之间,为了验证异构网络蒸馏的有效性,本章将两次蒸馏均设置为同构网络作为对比实验,即两个蒸馏的教师和学生模型均是 MS-CNN。知识蒸馏中教师模型的预测准确性会直接影响学生模型的预测准确性,由于教师模型的预测值将作为软标签帮助学生模型训练,教师的预测值越接近真实值,学生模型获得的知识越有效,这样学生模型可以获得较为准确的预测值。而异构网络的教师模型本身预测准确性高于同构网络的教师模型(MS-CNN)。因此,两次同构蒸馏获得的学生模型 RUL 预测准确性远低于同构加异构网络共同蒸馏获得的学生模型预测准确率,并且经过两次同构网络蒸馏获得的学生模型其预测准确性相比原始 MS-CNN 提升较少。在本节中有必要对比两次蒸馏教师模型以及学生模型的各个指标变化,包括模型参数量、模型复杂度(FLOPs)、模型训练时间以及两个领域内模型预测准确性评价指标 RMSE 和 Score 值。其中,学生$_{2'}$代表经过两次同构知识蒸馏获得的学生模型,教师$_1$代表第一次知识蒸馏的教师模型、学生$_1$和教师$_2$分别表示第一次知识蒸馏的学生模型和第二次蒸馏的教师模型,由于第二次蒸馏的教师模型是选取第一次蒸馏最优的学生模型,所以二者的各项指标均是相同的。从表 5-2 可以看出两次知识蒸馏均实现了模型压缩,模型参数量、模型复杂度、模型训练时长都有大幅度下降。在模型体量下降的同时模型的预测准确性也随之下降,这是知识蒸馏不可避免的现象。因为本章使用的数据集中 FD002 和 FD004 涉及的操作条件以及故障模式情况较多,两者均属于复杂数据集。因此,本章两次使用知识蒸馏在 FD002 和 FD004 获得的 RUL 预测准确性下降较大,即教师模型的预测准确性明显高于学生模型的预测准确性,相比于简单数据集 FD001 和 FD003,教师模型和学生模型的预测准确性比较接近,学生模型仍达到了较高的预测准确性。

利用知识蒸馏想要达到的效果是在模型压缩的同时预测准确性损失较少,即在教师模型的帮助下学生模型的预测准确性有所提升,完成训练的教师模型通过知识蒸馏将获得的知识迁移至学生模型,帮助学生模型完成训练并且达到更好的预测效果。因此,在保证参数量和模型复杂度不变的情况下,有必要对比在没有使用知识蒸馏前原始 MS-CNN 的预测准确性和使用两次知识蒸馏后获得的学生模型预测效果,通过表 5-2 的实验结果可以看出原始的 MS-CNN 在 FD001 ~ FD004 数据集的预测准确性均比较低,使用两次知识蒸馏后获得学生模型预测精度有一定的提升。

表 5-2　消融实验指标对比

指标	FD001	FD002	FD003	FD004
教师$_1$的参数量	577 931	781 171	577 931	781 171
教师$_1$的 FLOPs	1 472 247	1 878 647	1 472 247	1 878 647
教师$_1$的 RMSE	12.45	15.67	12.51	16.68
教师$_1$的 Score	229.46	1 136.48	233.07	1 369.28
教师$_1$训练时间/s	246	326	249	347
(学生$_1$/教师$_2$)的参数量	21 861	35 061	21 861	35 061
(学生$_1$/教师$_2$)的 FLOPs	43 468	69 828	43 468	69 828
(学生$_1$/教师$_2$)的 RMSE	12.62	17.22	12.71	18.12
(学生$_1$/教师$_2$)的 Score	238.96	1439.05	255.61	1 693.78
(学生$_1$/教师$_2$)训练时间/s	135	152	150	230
原始 MS-CNN 的参数量	9 061	14 371	9 061	14 371

续表 5-2

指标	FD001	FD002	FD003	FD004
原始 MS-CNN 的 FLOPs	17 948	28 528	17 948	28 528
原始 MS-CNN 的 RMSE	13.54	19.77	13.65	21.98
原始 MS-CNN 的 Score	314.29	2 182.29	359.99	2675.34
原始 MS-CNN 训练时间/s	63	72	67	113
学生$_2$的参数量	9 061	14 371	9 061	14 371
学生$_2$的 FLOPs	17 948	28 528	17948	28 528
学生$_2$的 RMSE	12.74	18.92	12.82	20.64
学生$_2$的 Score	243.59	1 564.23	268.66	1 964.97
学生$_2$训练时间/s	80	91	110	120
学生$_2$的 RMSE	13.11	19.21	13.35	21.23
学生$_2$的 Score	301.31	1 958.14	331.43	2 454.53

为了更加直观地在 FD001～FD004 数据集上显示原始 MS-CNN 与学生$_2$的预测结果，本章将两次知识蒸馏后获得的学生模型与原始 MS-CNN 模型的预测结果做了对比，如图 5-13 所示，通过柱状图可以更清晰地看到经过蒸馏的学生模型获得的 RMSE 值和 Score 值均低于原始 MS-CNN 值，说明学生$_2$提高了预测准确性，这也进一步验证了所提方法的有效性。

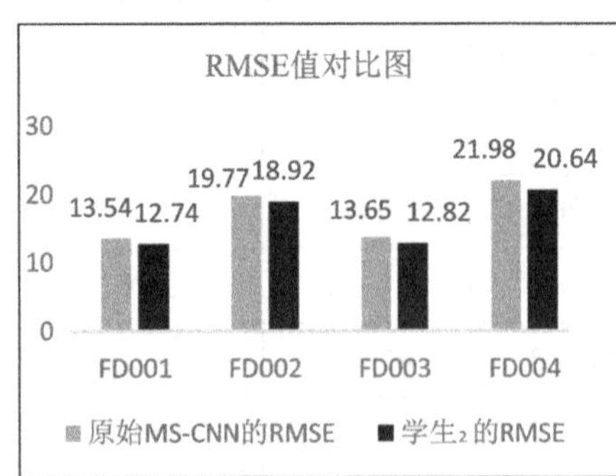

(a) 原始 MS-CNN 与学生$_2$RMSE 值

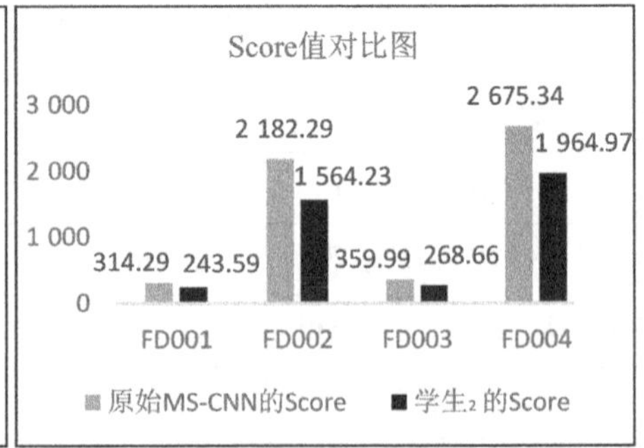

(b) 原始 MS-CNN 与学生$_2$Score 值

图 5-13 原始 MS-CNN 与学生$_2$预测结果对比

②与领域内其他方法的对比。

为了进一步探究所提方法的可行性，将本章获得的实验结果同其他领域内的研究方法进行了对比分析。由于这些方法均使用了领域内公用的数据集 C-MAPSS 来验证方法的有效性，并且利用 RMSE 和 Score 作为评价指标来评估方法的 RUL 预测准确性，这些都确保了同本章实验结果具有可比性。对于模型预测存在一些随机性的特点，本章将进行多次实验，并选择实验的平均值作为最终的实验结果。从表 5-3 中可以看出，本章获得的实验结果在 FD001 与 FD003 两个简单数据集上均有较高的预测准确性，Bi-LSTM 方法在四个数据集上除了在 FD003 数据集获得的 RMSE 值比本章所提方法低，剩余数据集上获得的评价指标值均高于学生模型预测结果，并且 D-LSTM 方法在 FD001 ~ FD004 四个数据上获得的评价指标值均高于学生模型预测结果，说明了本章所提方法存在一定的竞争性。在复杂数据集 FD002 上本章所提方法预测精度相较于 AM-ConvFGRNET 方法和 HDNN 方法均存在一些差距，在 FD004 复杂数据集上比 HDNN 方法预测精度低。但总体上看，经过两次压缩获得的学生模型 RUL 预测准确性相比其他方法均有提升，在缩小模型规模的同时预测精度也有一定的保证。由于本章研究内容为航空发动机的 RUL 预测，在实际飞机系统中对于发动机 RUL 预测有较高要求，较为可靠的 RUL 预测意味着可以及时地反映设备的健康状况，有助于地面决策人员对设备及时维护，从而提高飞机系统飞行的安全性。在实际应用中，本方法在满足内存容量限制的同时可以提供较为准确的 RUL 预测，从侧面论证了方法的有效性。

表 5-3　同领域内不同方法实验结果对比

数据集	FD001		FD002		FD003		FD004	
Matric	Score	RMSE	Score	RMSE	Score	RMSE	Score	RMSE
RF[271]	479.95	17.91	70 456.86	29.59	711.13	20.27	46 567.63	31.12
GB[271]	474.01	15.67	87 280.06	29.09	576.72	16.84	17 817.92	29.01
D-LSTM[272]	338	16.14	4 450	24.49	852	16.18	5 550	28.17
Bi-LSTM[273]	295	13.65	4 130	23.18	317	12.74	5 430	24.86

续表 5-3

数据集	FD001		FD002		FD003		FD004	
Matric	Score	RMSE	Score	RMSE	Score	RMSE	Score	RMSE
LSTMBS[274]	481.1	14.89	7 982	26.86	493.4	15.11	5 200	27.11
AM-Conv FGRNET[275]	262.71	12.67	1 401.95	16.19	333.79	12.82	2 282.23	19.15
HDNN[266]	245	13.017	1 282.42	15.24	287.72	12.22	1 527.42	18.156
Our(mean)	243.59	12.74	1 564.23	18.92	268.66	12.82	1 964.97	20.64

由于本章进行了多次实验,选取展示其中一次的 RUL 预测结果,关于学生模型对 FD001 ~ FD004 四个数据集的 RUL 预测结果与真实标签的对比结果如图 5-14 所示。其中,FD001 和 FD003 两个数据集涉及的运行条件单一且包含的发动机数量较少,只需要预测 100 个发动机的 RUL,所以学生模型对于简单数据集 FD001 和 FD003 有较高的预测准确性,RUL 预测值与真实 RUL 标签非常匹配。FD002 和 FD004 数据集涉及的运行条件较多并且包含的发动机数量较多,分别需要预测 259 和 248 个发动机 RUL。因此,这两个属于复杂数据集,相较于简单数据集的预测准确性,学生模型在复杂数据集上预测精度有待提升。

图 5-14 空发动机预测结果与真实标签对比

一般情况下模型的预测值会与真实标签存在一定的误差,误差范围越小说明预测值越接近真实值,模型的预测效果越好。只有几个发动机的 RUL 预测值和真实值相同,即真实标签与预测值之间的误差为零。因此,本章通过将预测值和真实值做差获得的区间范围来进一步说明预测结果的准确程度。具体预测情况如图 5-15 所示,分别显示了学生模型在 FD001 ~ FD004 测试集中真实标签与预测值之间的误差分布直方图。其中,横坐标表示模型预测 RUL 值与真实 RUL 值之间的误差,而纵坐标表示在每个误差区域内所对应的发动机个数。从图 5-15 中可以看出,FD001 和 FD003 数据集真实 RUL 与预测 RUL 值之间的误差集中于[-20,20]之间,FD002 和 FD004

数据集预测值和真实标签值误差集中分布于[-30,30]之间。FD002 和 FD004 均具有 6 个操作条件,属于复杂数据集,因此对于模型 RUL 预测存在较高的挑战性。因此,导致本章所提方法在 FD002 与 FD004 数据集误差区间较大,预测准确性没有简单数据集那么高。得分函数对于模型滞后预测给予更大的惩罚,即模型预测 RUL 值同真实 RUL 标签差值大于零并且误差范围越大得到的惩罚分数就越高,从图 5-15 中能够看出所提模型的预测 RUL 与真实 RUL 误差值大于零,且大于零误差区间发动机数量较少,因此获得了相对较低的 Score 值。

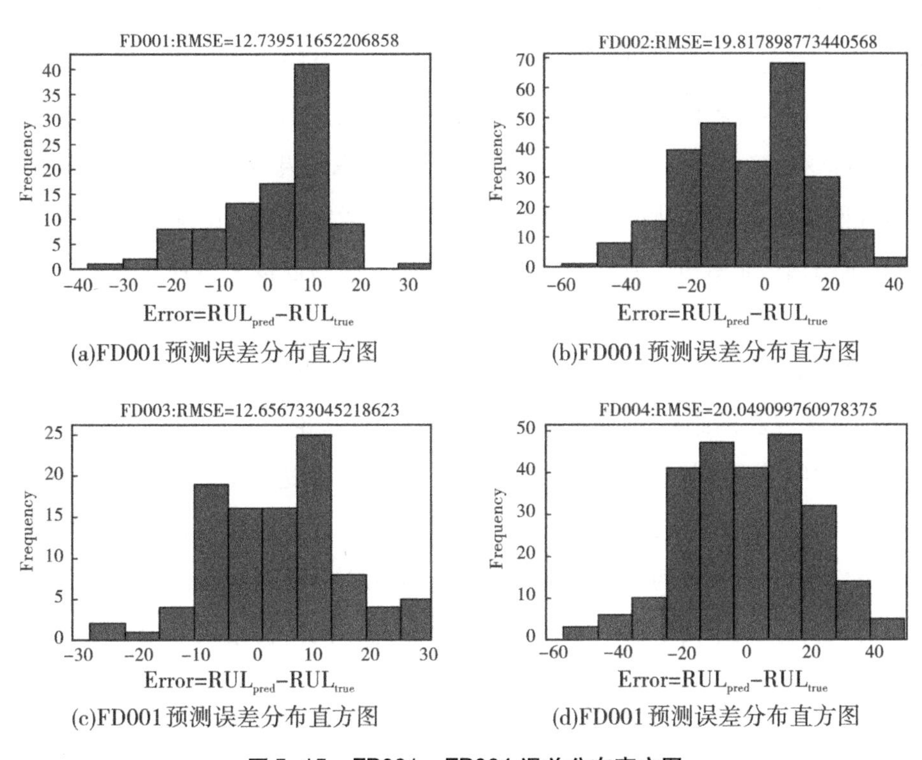

(a)FD001 预测误差分布直方图　(b)FD001 预测误差分布直方图

(c)FD001 预测误差分布直方图　(d)FD001 预测误差分布直方图

图 5-15　FD001 ~ FD004 误差分布直方图

5.3　基于剪枝技术的电池荷电状态估计模型的压缩

无人驾驶汽车是未来电动汽车的发展方向,将来会部署各种各样复杂的算法来处理应对无人驾驶过程中所面临的图像识别、车流量预测、车体运行控制等情况。第三章节所提出的 Informer 方法虽然训练速度快,估计精度高,但其模型体量较大,达到了 14 兆。

考虑到未来部署成本,为解决参数量过大的问题,本章节将对原始 Informer 模型进行稀疏优化,通过神经网络压缩技术降低其参数量。

5.3.1 基于彩票假设的幅值迭代剪枝方法

多数实验研究证明大型神经网络拥有较强的学习能力,但是并非所有部分都起作用。然而这些冗余的参数和对输出有重要影响的参数在设备上占据相同的存储空间和资源。受限于当前的存储条件和硬件的计算性能,现实情况无法满足复杂网络模型在存储条件有限和时间敏感应用下的需求,因此研究者们开始思考通过何种方法可以在不影响网络性能的情况下消除这些多余部分从而对模型进行优化。考虑到模型实际存储的数据是神经网络权重参数,所以为降低网络负载成本考虑到的压缩对象为参数数量,本书选用非结构化剪枝方式修剪神经元之间的连接来达到降低参数量的目的。

Frankle 和 Carbin 于 2019 年发表的论文[276]中指出,一个随机初始化、密集的前馈神经网络包含一些好的子网络,也就是论文中所提到的中奖彩票,对这些子网络单独进行训练时,能够实现在相似迭代次数中不降低网络性能。甚至经过多次训练后,稀疏子网络性能会优于原始稠密网络。同时研究发现,初始权重的合理设定会使子网络在之后的训练和微调中有很大优势,若在寻找子网络的不同迭代过程中使用不同的初始权重则子网络效果较原始网络差。

神经网络剪枝的方法可分为单次剪枝和迭代式剪枝。由于单次剪枝的结果对噪声影响比较敏感,所以这一节选用了迭代式剪枝的方式,在每次迭代后删除少量的权重,然后周而复始地进行其他轮的评估和删除,这就能够在一定程度上减少噪声对整个剪枝过程的影响。最终,本节应用了基于彩票假设的幅值迭代剪枝(iterative magnitude pruning,IMP)技术。具体步骤如下:

(1)利用 Informer 网络在锂电池数据集上训练得到的权重初始化网络得到 W_0。

(2)将网络进行 k 次梯度下降得到 W_k 并保存。

(3)利用锂离子电池放电数据集训练网络至收敛。

(4)创建掩模 M,根据设置的剪枝率对模型 W_k 进行非结构化剪枝。

(5)使用保存的原始网络进行 k 次梯度下降得到权重 W_k^n,将剪枝得到的稀疏网络权重重置。

重复步骤(3)~(5)直到模型准确率大幅下降或参数数量达到要求。示意图如图 5-16 所示。

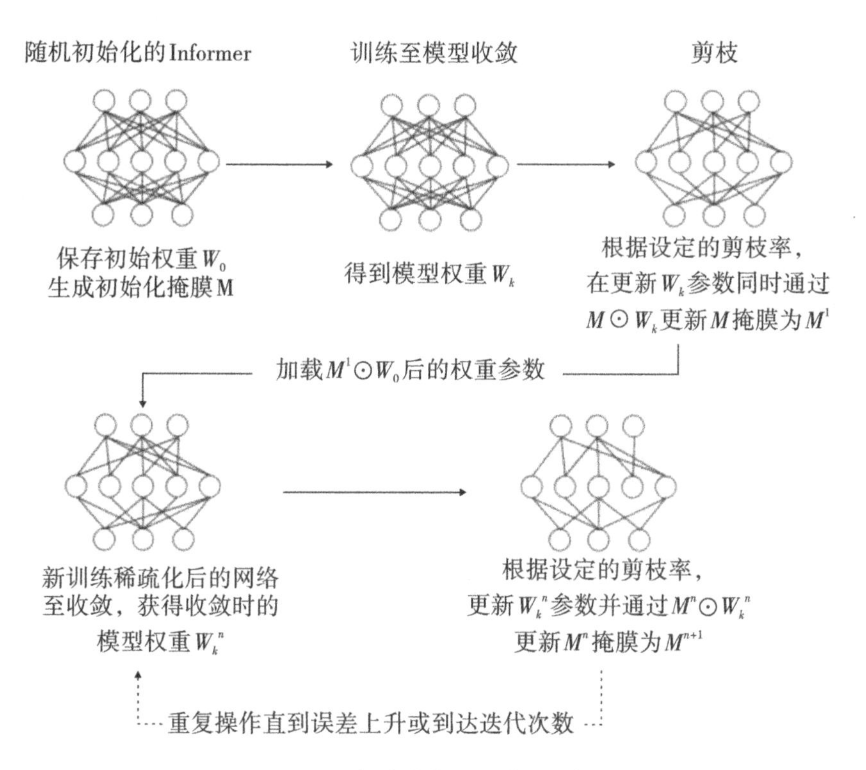

图 5-16　幅值迭代剪枝过程示意图

5.3.2　实验结果与分析

在本节的实验中首先应用 20% 剪枝率对 Informer 模型稀疏优化,探讨了基于彩票假说的幅值迭代剪枝方法对本书所提的 SOC 估计方法性能提升及成本压缩的可行性。然后比较了在不同剪枝率的压缩下,不同的稀疏优化模型在测试工况上的表现性能。

（1）基于彩票假设的幅值迭代剪枝方法的可行性分析

以20%剪枝率的迭代过程为例，每次剪枝后模型的估计效果变化如图5-17所示。从图中可以看出，应用基于彩票假说的幅值迭代剪枝方法在剪枝过程中不同的误差指标前期的趋势是向下的，这意味着模型的估计效果随着剪枝的进行而有所提升，然而在剪枝迭代的后期会出现反弹，误差在后期会变大，出现这种情况的原因是过度的剪枝使模型出现估计效果的不稳定性，所以在最终模型的选用应根据具体迭代过程中的具体情况。根据图中所表现的结果可以看出基于彩票假说的幅值迭代剪枝方法可以在降低模型参数量的同时有效提升模型的估计精度，可作为模型压缩的选择。

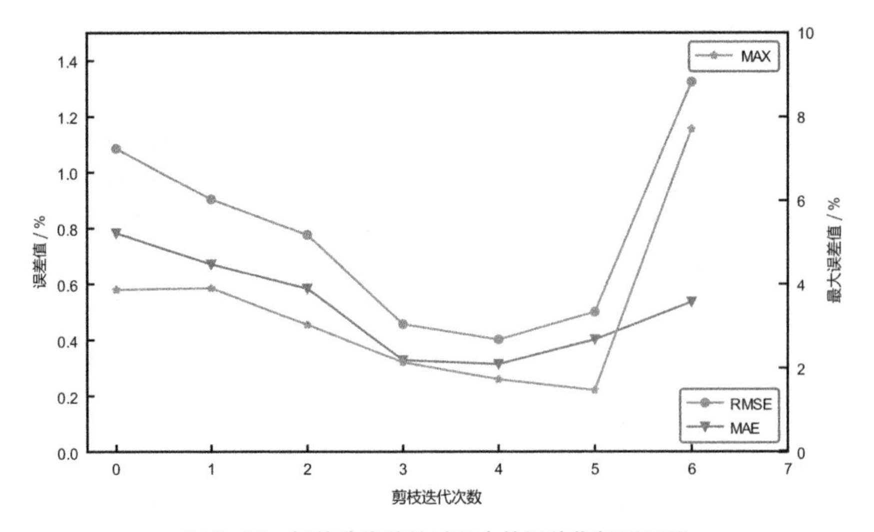

图5-17 幅值迭代剪枝过程中的评价指标展示图

（2）室温条件下的稀疏优化模型

这一小节探索了不同剪枝率下稀疏优化模型对25 ℃情况下的测试工况的估计效果的影响，分别将剪枝率设置为10%、20%、40%和60%，具体剪枝迭代次数分别为12、6、3、2。具体估计结果如表5-4所示。图5-18展示了单温度训练条件下应用不同剪枝率所获得的最优模型在室温数据上的估计曲线图。

表 5-4　稀疏化 Informer 在室温条件下的估计结果

剪枝率	剪枝迭代次数（最优/全部）	RMSE/%	MAE/%	参数数量/M	减去参数量
不剪枝	—	0.445 6	0.388 3	14.092 633	0
10%	9/12	0.383 0	0.285 8	5.479 422	61.12%
20%	4/6	0.401 8	0.313 7	5.838 433	58.91%
40%	1/3	0.519 3	0.382 8	8.460 227	40.00%
60%	1/2	0.577 4	0.437 4	5.648 327	59.92%

根据表中所展现出的性能可以看出，不同剪枝率下所获得的最优模型均可以在室温数据上获得良好的估计结果，并且在 MAE 指标上三种剪枝率下获得估计结果均优于未剪枝时的模型。

图 5-18　25 ℃下不同剪枝率的模型估计结果对比图

（3）多温度条件下的稀疏优化模型

在本节将探索不同剪枝率对最终模型估计效果的影响，分别将剪枝率设置为 10%、20%、40%和 60%，具体剪枝迭代次数分别为 12、6、3、2。具体估计结果如表 5-5 所示。通过表 5-5 中的估计结果可以看出，使用幅值迭代剪枝技术在本节设定的训练条件下实现了在降低模型参数量的同时也提升了模型的估计精度。根据剪枝率的不同，其对模型估计效果提升的影响也不尽相同。通过两种评价指标的对比可以看出，剪枝技术对模型估计性能 MAE 的影响更大，在这一指标上的提升较为明显。图 5-19 ~ 图 5-21 展示了采用不同剪枝率的稀疏化 Informer 模型在多温度训练条件下测试结果，此处选择了三个代表温度，分别是低温（-20 ℃）、0 ℃、高温（40 ℃）的电池荷电状态估计结果。

表 5-5　稀疏化 Informer 在多温度条件下的估计结果

剪枝率	剪枝迭代次数（最优/全部）	RMSE/%	MAE/%	参数数量/M	减去参数量
不剪枝	—	0.500 5	0.427 3	14.092 633	0
10%	9/12	0.641 5	0.491 7	5.479 422	61.12%
20%	4/6	0.369 3	0.292 3	5.838 433	58.91%
40%	2/3	0.417 2	0.361 3	8.460 227	64.00%
60%	1/2	0.577 4/0.380 1	0.437 4/0.278 2	5.648 327	59.92%

实验过程中将编码器最终输出的特征图进行可视化处理，如图 5-22 所示，图 5-22(a)为原始 Informer 模型的特征图，图 5-22(b)为 60% 剪枝率下稀疏 Informer 的特征图。可以看出，稀疏化后的特征图仅对某些位置赋予了更高的权重，剩余部分权重分布较为平均。而原始 Informer 模型的特征图权重分散。

图 5-19　稀疏化 Informer 在低温(-20 ℃)条件下不同剪枝率的估计曲线

图 5-20　稀疏化 Informer 在 0 ℃条件下不同剪枝率的估计曲线

图 5-21　稀疏化 Informer 在高温(40 ℃)条件下不同剪枝率的估计曲线

图 5-22　编码器最终特征图可视化

根据实验结果可以得知,稀疏化 Informer 具有准确估计电池荷电状态的能力,剪枝率的不同也影响了最终模型的估计精度,但均比原始的 Informer 模型有所提升。这证明了本节所提的针对 Informer 的稀疏优化方法具备在未来负载时缓解参数量大的问题,并且还在一定程度上提升了模型的估计精度。

5.4 本章小结

本章 5.2 节首先提出了使用知识蒸馏来压缩复杂模型,利用知识蒸馏的特殊架构,能够将复杂模型的知识迁移至简单模型,使得简单模型的预测性能达到与复杂模型预测效果较为接近的水平。为了实现这一目标,本章使用了两次知识蒸馏,第一次知识蒸馏教师模型和学生模型属于异构网络:教师模型包含 CNN 和 Bi-LSTM 等网络,其中,CNN 能够提取数据空间特征,而 Bi-LSTM 可以学习数据的双向长时间依赖性。学生模型的主体则使用简单的 MS-CNN 模型,经过注意力机制处理后获得的特征输入三个卷积核大小不同的并行路径分别进行特征学习,三条并行路径的提取特征,再经过特征融合输入全连接层获得 RUL 预测值。第二次知识蒸馏教师模型与学生模型属于同构网络,均是使用简单的 MS-CNN 模型,并且第二次蒸馏的教师模型是第一次蒸馏获得的最优学生模型,经过两次蒸馏获得的学生模型作为最终的 RUL 预测模型。本章通过消融实验了解到经过两次蒸馏后从教师模型到学生模型参数量和模型复杂度等均有明显缩减,并且与原始 MS-CNN 的预测效果对比发现经过两次知识蒸馏获得的学生模型具有较高的预测准确性。经过对比实验能够看出学生模型在 FD001 和 FD003 两个简单数据上预测精确性较高,与教师模型的预测性能较为接近,但在复杂数据集 FD002 和 FD004 上获得的预测精度下降幅度较大,有待进一步提升。

针对所提 Informer 模型参数量大的问题,第 5.3 节应用了神经网络压缩技术中的幅值迭代剪枝方法对 Informer 模型进行了稀疏优化。在室温条件以及多温度条件下,针对不同的剪枝率对模型进行了对比试验,结果表明本节所用稀疏优化方法有效降低了模型参数量,为未来的算法部署降低了存储空间成本,并且也在一定程度上提升了模型的估计精度,展现其性能优势。在室温条件下其不同工况下的平均 RMSE 和 MAE 分别达到了 0.38% 和0.29% 。同时在实验过程中发现,不同随机种子下不同的剪枝率可能会导致不同的结果,对于具体剪枝率的选择可以根据选用幅值迭代剪枝算法进行模型压缩时实际应用场景要求的不同设定剪枝率选择范围,分为两种情况。若部署环境的计算成本与能耗成本不受限制,对模型规模要求不高,则在少量多次(低剪枝率多次迭代)的原则上进行修剪,最终根据模型测试结果选用模型。实验表明,对模型进行少量多次的修剪能够在一定程度上缓解模型的过拟合,提高模型性能。若对模型计算成本要求较高则选用较大的剪枝率进行剪枝。

参考文献

[1]HUBEL D H, WIESEL T N. Receptive fields, binocular interaction and functional architecture in the cat's visual cortex [J]. The Journal of Physiology,1962,160(1):106-154.

[2]SCHMIDHUBER J. Deep learning in neural networks: An overview[J]. Neural Networks,2015,61:85-117.

[3]LECUN Y, BOSER B, DENKER J S, et al. Backpropagation applied to handwritten zip code recognition[J]. Neural Computation, 1989, 1 (4): 541-551.

[4]HINDON G,SALAKHUTDINOV R. Reducing the dimensionality of data with neural network[J]. Science,2006,313(5786):504-507.

[5]HOCHREITER S,SCHMIDHUBER J. Long short-term memory[J]. Neural Computation,1997,9(8):1735-1780.

[6]CHO K,MERRIENBOER B V,GULCEHRE C,et al. Learning phrase representations using rnn encoder-decoder for statistical machine translation[C]. Proceedings of the 2014 Conference on Empirical Methods in Natural Language Processing (EMNLP). Doha,Qatar:Association for Computational Linguistics,2014:1724-1734.

[7]LECUN Y,BOTTOU L,BENGIO Y,et al. Gradient-based learning applied to document recognition [J]. Proceedings of the IEEE, 1998, 86 (11): 2278-2324.

[8]王华伟,吴海桥.基于信息融合的航空发动机剩余寿命预测[J].航空动力学报,2012,27(12):2749-2755.

[9]胡昌华,施权,司小胜,等.数据驱动的寿命预测和健康管理技术研究进

展[J].信息与控制,2017,46(1):72-82.

[10]LIPU M S H,HANNAN M A,HUSSAIN A,et al. A Review of state of health and remaining useful life estimation methods for lithium-ion battery in electric vehicles:Challenges and recommendations[J]. Journal of Cleaner Production,2018,205:115-133.

[11]SI X S,WANG W B,HU C H,et al. Remaining useful life estimation-A review on the statistical data driven approaches[J]. European Journal of Operational Research,2011,213(1):1-14.

[12]BAI G X,WANG P F,HU C,et al. A generic model-free approach for lithium-ion battery health management[J]. Applied Energy,2014,135:247-260.

[13]XING Y J,MA E W M,TSUI K L,et al. Battery management systems in electric and hybrid vehicles[J]. Energies,2011,4(11):1840-1857.

[14]HU X,FENG F,LIU K,et al. State estimation for advanced battery management:Key challenges and future trends[J]. Renewable and Sustainable Energy Reviews,2019,114:109334.

[15]张照娓,郭天滋,高明裕,等.电动汽车锂离子电池荷电状态估算方法研究综述[J].电子与信息学报,2021,43(7):1803-1815.

[16]胡昌华,施权,司小胜,等.数据驱动的寿命预测和健康管理技术研究进展[J].信息与控制,2017,46(1):72-82.

[17]陈宇峰.基于深度学习的涡扇发动机剩余使用寿命预测研究[D].株洲:湖南工业大学,2022.

[18]CHEN W,CAI Y,LI A,et al. Remaining useful life prediction for lithium-ion batteries based on empirical model and improved least squares support vector machine[C]. 2021中国智能自动化大会(CIAC 2021)论文集,2021,801:47-55.

[19]潘颖庭.基于极限学习机的航空发动机剩余寿命预测研究[D].南京:南京航空航天大学,2020.

[20]徐自黎.基于循环神经网络的航空设备剩余寿命预测方法研究[D].重

庆:重庆邮电大学,2021.

[21]ZHAI Q Q, YE Z S. RUL prediction of deteriorating products using an adaptive wiener process model[J]. IEEE Transactions on Industrial Informatics,2017,13(6):2911-2921.

[22]LOUTAS T H, ROULIAS D, GEORGOULAS G. Remaining useful life estimation in rolling bearings utilizing data-driven probabilistic e-support vectors regression[J]. IEEE Transactions on Reliability, 2013, 62(4): 821-832.

[23]LIAO L X, KOETTIC F. Review of hybrid prognostics approaches for remaining useful life prediction of engineered systems, and an application to battery life prediction[J]. IEEE Transactions on Reliability,2014,63(1): 191-207.

[24]袁善虎,蒋洪德,陈海燕,等.一种基于能量参数的非局部缺口疲劳寿命预测方法[J].推进技术,2017,38(3):653-658.

[25]杜党波,司小胜,胡昌华,等.基于随机退化建模的共载系统寿命预测方法[J].仪器仪表学报,2018,39(8):53-62.

[26]REZAMAND M, KORDESTANI M, CARRIVEAU R, et al. An integrated feature-based failure prognosis method for wind turbine bearings[J]. IEEE-Asme Transactions on Mechatronics,2020,25(3):1468-1478.

[27]SINGLETON R K, STRANGAS E G, AVIYENTE S. Extended kalman filtering for remaining-useful-life estimation of bearings[J]. IEEE Transactions on Industrial Electronics,2015,62(3):1781-1790.

[28]SOUALHI A, MEDJAHER K, ZERHOUNI N. Bearing health monitoring based on hilbert-huang transform, support vector machine, and regression [J]. IEEE Transactions on Instrumentation and Measurement, 2015, 64(1):52-62.

[29]朱春进,沈振军.希尔伯特-黄变换在表音故障诊断的应用[J].工业控制计算机,2020,33(1):85-86,88.

[30]许先鑫,李娟,孙秀慧,等.基于 Copula 相似性的航空发动机 RUL 预测

[J]. 航空动力学报,2024,39(8):512-519.

[31] SWANSON D C, SPENCER J M, ARZOUMANIAN S H, et al. Arzoumanian. Prognostic modelling of crack growth in a tensioned steel band [J]. Mechanical Systems and Signal Processing, 2000, 14(5):789-803.

[32] 白华军,马云飞,郭驰名,等. 基于 Gamma 过程的气门导管剩余寿命预测方法[J]. 内燃机与配件,2022(15):60-62.

[33] 赵洪利,魏凯. 基于相似性与 GA-RF 的航空发动机剩余寿命预测[J]. 机床与液压,2022,50(12):167-173.

[34] 李彦梅,刘惠汉,张朝龙,等. 基于双高斯模型的锂电池剩余使用寿命预测方法[J]. 电气工程学报,2022,17(4):32-40.

[35] XU X, YU C, TANG S, et al. Remaining useful life prediction of lithium-ion batteries based on wiener processes with considering the relaxation effect [J]. Energies, 2019, 12(9):1-17.

[36] 刘琼,张豹. 基于 GBDT 算法的锂电池剩余使用寿命预测[J]. 电子测量与仪器学报,2022,36(10):166-172.

[37] 陈雨桐. 集成学习算法之随机森林与梯度提升决策树的分析比较[J]. 电脑知识与技术,2021,17(15):32-34.

[38] 吴菲,郑秀娟. 基于 PF-GPR 算法的锂离子电池剩余使用寿命预测[J]. 武汉科技大学学报,2022,45(3):189-196.

[39] 张江民,石慧,董增寿. 基于相对密度核估计的实时剩余寿命预测[J]. 振动与冲击,2022,41(22):308-318.

[40] 韩威,杨杏,李刚,等. 基于 PCA 和威布尔分布的滚动轴承剩余寿命预测方法研究[J]. 机械制造与自动化,2022,51(4):61-64,77.

[41] 元尼东珠,杨浩,房红征. 基于卷积神经网络的发动机故障预测方法[J]. 计算机测量与控制,2019,27(10):74-78.

[42] 马忠,郭建胜,顾涛勇,等. 基于改进卷积神经网络的航空发动机剩余寿命预测[J]. 空军工程大学学报(自然科学版),2020,21(6):19-25.

[43] 王欣,孟天宇,周俊曦. 基于注意力与 LSTM 的航空发动机剩余寿命预测[J]. 科学技术与工程,2022,22(7):2784-2792.

[44]李路云,王海瑞,朱贵富. 基于数据融合与 GRU 的航空发动机剩余寿命预测[J]. 空军工程大学学报,2022,23(6):33-41.

[45]张加劲. 基于注意力机制和 CNN-BiLSTM 模型的航空发动机剩余寿命预测[J]. 电子测量与仪器学报,2022,36(8):231-237.

[46]张少宇,伍春晖,熊文渊. 采用门控循环神经网络估计锂离子电池健康状态[J]. 红外与激光工程,2021,50(2):236-243.

[47]宋亚,夏唐斌,郑宇,等. 基于 Autoencoder-BLSTM 的涡扇发动机剩余寿命预测[J]. 计算机集成制造系统,2019,25(7):1611-1619.

[48] WU Y, YUAN M, DONG S, et al. Remaining useful life estimation of engineered systems using vanilla LSTM neural networks [J]. Neurocomputing,2018,275:167-179.

[49]AL-DULAIMI A,ZABIHI S,ASIF A,et al. A multimodal and hybrid deep neural network model for remaining useful life estimation[J]. Computers in Industry,2019,108:186-196.

[50]LIU Z Y,LIU H,JIA W Q,et al. A multi-head neural network with unsymmetrical constraints for remaining useful life prediction [J]. Advanced Engineering Informaticss,2021,50:101396.

[51]HONG C W,LEE K,KO M S,et al. Multivariate time series forecasting for remaining useful life of turbofan engine using deep-stacked neural network and correlation analysis [C]. Proceedings of the IEEE International Conference on Big Data and Smart Computing (BigComp). Busan, South Korea:IEEE,2020:63-70.

[52]MO H, LUCCA F, MALACARNE J, et al. Multi-head CNN-LSTM with prediction error analysis for remaining useful life prediction [C]. Proceedings of the 27th Conference of Open Innovations Association (FRUCT). Electr Networkfruct:IEEE,2020:164-171.

[53]PENG C, CHEN Y, CHEN Q, et al. A remaining useful life prognosis of turbofan engine using temporal and spatial feature fusion [J]. Sensors, 2021,21(2):418.

[54]马鸣风,王力. 基于 RF-DGRU-SA 的涡扇发动机剩余寿命预测[J]. 机床与液压,2023,51(1):196-201.

[55]于彬鹏. 集成 LSTM 和 PF 的锂离子电池剩余使用寿命预测[D]. 镇江:江苏大学,2021.

[56]QU J, LIU F, MA Y, et al. A neural-network-based method for RUL prediction and SOH monitoring of lithium-ion battery[J]. IEEE Access, 2019,7:87178-87191.

[57]张其霄,董鹏,王科文,等. 基于贝叶斯优化 LSTM 的发动机剩余寿命预测[J]. 火力与指挥控制,2022,47(4):85-89.

[58]ZHANG L, MU Z, SUN C. Remaining useful life prediction for lithium-ion batteries based on exponential model and particle filter[J]. IEEE Access,2018,6:17729-17740.

[59]CAI L. Remaining useful life prediction for lithium-ion batteries in later period based on a fusion model[J]. Transactions of the Institute of Measurement and Control,2023,45(2):302-315.

[60]丁显,徐进,黎曦琳,等. 融合维纳过程和粒子滤波的风力发电机轴承剩余寿命预测[J]. 太阳能学报,2022,43(12):248-255.

[61]SONG Y, LIU D, HOU Y, et al. Satellite lithium-ion battery remaining useful life estimation with an iterative updated RVM fused with the KF algorithm[J]. Chinese Journal of Aeronautics,2018,31(1):31-40.

[62]刘芊彤,邢远秀. 基于 VMD-PSO-GRU 模型的锂离子电池剩余寿命预测[J]. 储能科学与技术,2023,12(1):236-246.

[63]邢子轩,张凡,武明虎,等. 基于 WD-GRU 的锂离子电池剩余寿命预测[J]. 电源技术,2022,46(8):867-871.

[64]臧传涛,刘冉冉,颜海彬. 基于 SMA-LSTM 的轴承剩余寿命预测方法[J]. 江苏理工学院学报,2022,28(2):110-120.

[65]DONG H, JIN X, LOU Y, et al. Lithium-ion battery state of health monitoring and remaining useful life prediction based on support vector regression-particle filter[J]. Journal of Power Sources,2014,271:114-123.

[66]ZHAO L,ZHU Y,ZHAO T. Deep learning-based remaining useful life prediction method with transformer module and random forest [J]. Mathematics,2022,10(16):2921.

[67]REN L, ZHAO L, HONG S, et al. Remaining useful life prediction for lithium-ion battery:A deep learning approach[J]. IEEE Access,2018,6:50587-50598.

[68]GE Y, SUN L, MA J. An improved PF remaining useful life prediction method based on quantum genetics and LSTM [J]. IEEE Access,2019,7:160241-160247.

[69]PENG Y,HOU Y,SONG Y,et al. Lithium-ion battery prognostics with hybrid Gaussian process function regression[J]. Energies,2018,11(6):1420-1420.

[70]LAAYOUJ N,JAMOULI H. Prognosis of degradation based on a new dynamic method for remaining useful life prediction[J]. Journal of Quality in Maintenance Engineering,2017,23(2):239-255.

[71]ZHANG Y Z,XIONG R,HE H W,et al. Validation and verification of a hybrid method for remaining useful life prediction of lithium-ion batteries[J]. Journal of Cleaner Production,2019,212:240-249.

[72]姚仁. 基于 t-SNE 和深度卷积神经网络的滚动轴承剩余寿命预测方法[D]. 北京:北京交通大学,2021.

[73]ZHU J,CHEN N,PENG W. Estimation of bearing remaining useful life based on multiscale convolutional neural network[J]. IEEE Transactions on Industrial Electronics,2018,66(4):3208-3216.

[74]ZHANG L,MU Z,SUN C. Remaining useful life prediction for lithium-ion batteries based on exponential model and particle filter [J]. IEEE Access,2018,6:17729-17740.

[75]GUO L,LI N,JIA F,et al. A recurrent neural network based health indicator for remaining useful life prediction of bearings [J]. Neurocomputing,2017,240:98-109.

[76] REN L, ZHAO L, HONG S, et al. Remaining useful life prediction for lithium-ion battery: A deep learning approach[J]. IEEE Access, 2018, 6: 50587-50598.

[77] REN L, SUN Y, CUI J, et al. Bearing remaining useful life prediction based on deep autoencoder and deep neural networks [J]. Journal of Manufacturing Systems, 2018, 48: 71-77.

[78] REN L, SUN Y, WANG H, et al. Prediction of bearing remaining useful life with deep convolution neural network [J]. IEEE Access, 2018, 6: 13041-13049.

[79] ZHANG B, ZHANG S, LI W. Bearing performance degradation assessment using long short-term memory recurrent network [J]. Computers in Industry, 2019, 106: 14-29.

[80] WANG Y, PENG Y, ZI Y, et al. A two-stage data-driven-based prognostic approach for bearing degradation problem [J]. IEEE Transactions on Industrial Informatics, 2016, 12(3): 924-932.

[81] QIAN Y, YAN R, HU S. Bearing degradation evaluation using recurrence quantification analysis and Kalman filter [J]. IEEE Transactions on Instrumentation and Measurement, 2014, 63(11): 2599-2610.

[82] YU J. Bearing performance degradation assessment using locality preserving projections and Gaussian mixture models [J]. Mechanical Systems and Signal Processing, 2011, 25(7): 2573-2588.

[83] WANG D, TSUI K L, MIAO Q. Prognostics and health management: A review of vibration based bearing and gear health indicators [J]. IEEE Access, 2017, 6: 665-676.

[84] LEI Y, LI N, GUO L, et al. Machinery health prognostics: A systematic review from data acquisition to RUL prediction [J]. Mechanical Systems and Signal Processing, 2018, 104: 799-834.

[85] BAI S, KOLTER J Z, KOLTUN V. An empirical evaluation of generic convolutional and recurrent networks for sequence modeling [J].

Learning,2018.

[86]SAXENA A,GOEBEL K,SIMON D,et al. Damage propagation modeling for aircraft engine run-to-failure simulation[C]. 2008 International Conference on Prognostics and Health Management. IEEE,2008:1-9.

[87]BABU G S,ZHAO P,LI X L. Deep convolutional neural network based regression approach for estimation of remaining useful life[C]. International Conference on Database Systems for Advanced Applications. Springer, Cham,2016:214-228.

[88]ZHANG C,LIM P,QIN A K,et al. Multiobjective deep belief networks ensemble for remaining useful life estimation in prognostics[J]. IEEE Transactions on Neural Networks and Learning Systems,2016,28(10):2306-2318.

[89]LI X,DING Q,SUN J Q. Remaining useful life estimation in prognostics using deep convolution neural networks[J]. Reliability Engineering & System Safety,2018,172:1-11.

[90]ZHENG S,RISTOVSKI K,FARAHAT A,et al. Long short-term memory network for remaining useful life estimation[C]. 2017 IEEE International Conference on Prognostics and Health Management (ICPHM). IEEE,2017:88-95.

[91]WANG J,WEN G,YANG S,et al. Remaining useful life estimation in prognostics using deep bidirectional lstm neural network[C]. 2018 Prognostics and System Health Management Conference (PHM-Chongqing). IEEE,2018:1037-1042.

[92]LIU H,LIU Z Y,JIA W Q,et al. Remaining useful life prediction using a novel feature-attention-based end-to-end approach[J]. IEEE Transactions on Industrial Informatics,2021,17(2):1197-1207.

[93]JIANG Y L,LI C S,YANG Z X,et al. Remaining useful life estimation combining two-step maximal information coefficient and temporal convolutional network with attention mechanism[J]. IEEE Access,

2021,9:16323-16336.

[94]DAS A, HUSSAIN S, YANG F, et al. Deep recurrent architecture with attention for remaining useful life estimation[C]. Proceedings of the 2019 Tencon 2019-2019 IEEE Region 10 Conference (TENCON). Piscataway: IEEE,2019:2093-2098.

[95]CHEN Z H, WU M, ZHAO R, et al. Machine remaining useful life prediction via an attention-based deep learning approach[J]. IEEE Transactions on Industrial Electronics,2021,68(3):2521-2531.

[96]KHELIF R, CHEBEL - MORELLO B, MALINOWSKI S, et al. Direct remaining useful life estimation based on support vector regression[J]. IEEE Transactions on Industrial Electronics,2017,64(3):2276-2285.

[97]WU J, HU K, CHENG Y, et al. Ensemble recurrent neural network-based residual useful life prognostics of aircraft engines[J]. Structural Durability & Health Monitoring,2019,13(3):317-329.

[98]WU J, HU K, CHENG Y W, et al. Data - driven remaining useful life prediction via multiple sensor signals and deep long short - term memory neural network[J]. Isa Transactions,2020,97:241-250.

[99]BEKTAS O, JONES J A, SANKARARAMAN S, et al. A neural network filtering approach for similarity-based remaining useful life estimation[J]. The International Journal of Advanced Manufacturing Technology,2019,101(1-4):87-103.

[100]ZHANG C, LIM P, QIN A K, et al. Multiobjective deep belief networks ensemble for remaining useful life estimation in prognostics[J]. IEEE Transactions on Neural Networks and Learning Systems,2017,28(10):2306-2318.

[101]ZHENG S, RISTOVSKI K, FARAHAT A, et al. Long short-term memory network for remaining useful life estimation[C]. Proceedings of the 2017 IEEE International Conference on Prognostics and Health Management (ICPHM). Piscataway: IEEE,2017:88-95.

[102]WANG J J,WEN G L,YANG S P,et al. Remaining useful life estimation in prognostics using deep bidirectional LSTM neural network [C]. Proceedings of the 2018 Prognostics and System Health Management Conference (PHM-Chongqing). Piscataway:IEEE,2018:1037-1042.

[103]LIAO Y,ZHANG L X,LIU C D,et al. Uncertainty prediction of remaining useful life using long short - term memory network based on bootstrap method [C]. Proceedings of the 2018 IEEE International Conference on Prognostics and Health Management (ICPHM). Piscataway:IEEE,2018:1-8.

[104]ELLEFSEN A L,BJORLYKHAUG E,AESOY V,et al. Remaining useful life predictions for turbofan engine degradation using semi-supervised deep architecture[J]. Reliability Engineering & System Safety,2019,183:240-251.

[105] CADINI F, SBARUFATTI C, CANCELLIERE F, et al. State-of-life prognosis and diagnosis of lithium-ion batteries by data-driven particle filters[J]. Applied Energy,2019,235:661-672.

[106]WANG Y X,LIU B,LI Q Y,et al. Lithium and lithium-ion batteries for applications in microelectronic devices: A review[J]. Journal of Power Sources,2015,286:330-345.

[107]HU C,YE H,JAIN G,et al. Remaining useful life assessment of lithium-ion batteries in implantable medical devices [J]. Journal of Power Sources,2018,375:118-130.

[108]OPITZ A,BADAMI P,SHEN L,et al. Can li-ion batteries be the panacea for automotive applications? [J]. Renewable & Sustainable Energy Reviews,2017,68:685-692.

[109]DONATEO T,SPEDICATO L. Fuel economy of hybrid electric flight[J]. Applied Energy,2017,206:723-738.

[110]ZUBI G,DUFO-LOPEZ R,CARVALHO M,et al. The lithium-ion battery: State of the art and future perspectives[J]. Renewable & Sustainable

Energy Reviews,2018,89:292-308.

[111]SUBBURAJ A S, PUSHPAKARAN B N, BAYNE S B. Overview of grid connected renewable energy based battery projects in USA[J]. Renewable & Sustainable Energy Reviews,2015,45:219-234.

[112]KASAVAJJULA U S,WANG C S. Nano Si/G composite anode in li-ion battery for aerospace applications[J]. Indian Journal of Chemistry Section a - Inorganic Bio - Inorganic Physical Theoretical & Analytical Chemistry,2005,44(5):975-982.

[113]周建宝.基于 RVM 的锂离子电池剩余寿命预测方法研究[D].哈尔滨:哈尔滨工业大学,2013.

[114]MARSH R A,VUKSON S,SURAMPUDI S,et al. Li-ion batteries for aerospace applications[J]. Journal of Power Sources,2001,97-98:25-27.

[115]王红.卫星锂离子电池剩余寿命预测方法及应用研究[D].哈尔滨:哈尔滨工业大学,2013.

[116]SMITH K A,RAHN C D,WANG C Y. Model-based electrochemical estimation and constraint management for pulse operation of lithium ion batteries[J]. IEEE Transactions on Control Systems Technology,2010,18(3):654-663.

[117]SCHMIDT A P,BITZER M,IMNRE A W,et al. Model-based distinction and quantification of capacity loss and rate capability fade in li-ion batteries[J]. Journal of Power Sources,2010,195(22):7634-7638.

[118]HAUSBRAND R, CHERKASHININ G, EHRENBERG H, et al. Fundamental degradation mechanisms of layered oxide li-ion battery cathode materials: Methodology, insights and novel approaches[J]. Materials Science and Engineering B: Solid-State Materials for Advanced Technology,2015,192(C):3-25.

[119]PINSON M B,BAZANT M Z. Theory of SEI formation in rechargeable batteries: Capacity fade, accelerated aging and lifetime prediction[J].

Journal of the Electrochemical Society,2013,160(2):A243-A250.

[120] SAFARI M, MORCRETTE M, TEYSSOT A, et al. Multimodal physics-based aging model for life prediction of li-ion batteries[J]. Journal of the Electrochemical Society,2009,156(3):145-153.

[121] CAMCI F, CHINNAM R B. Health-state estimation and prognostics in machining processes[J]. IEEE Transactions on Automation Science And Engineering,2010,7(3):581-597.

[122] WAAG W, FLEISCHER C, SAUER D U. Critical review of the methods for monitoring of lithium-ion batteries in electric and hybrid vehicles[J]. Journal of Power Sources,2014,258:321-339.

[123] GOEBEL K, SAHA B, SAXENA A, et al. Prognostics in battery health management [J]. IEEE Instrumentation and Measurement Magazine,2008,11(4):33-40.

[124] SANTHANAGOPALAN S, WHITE R E. State of charge estimation using an unscented filter for high power lithium-ion cells[J]. International Journal of Energy Research,2010,34(2):152-163.

[125] AN D, CHOI J H, KIM N H. Prognostics 101: A tutorial for particle filter-based prognostics algorithm using matlab[J]. Reliability Engineering & System Safety,2013,115:161-169.

[126] SU X H, WANG S, PECHT M, et al. Prognostics of lithium-ion batteries based on different dimensional state equations in the particle filtering method[J]. Transactions of the Institute of Measurement and Control,2017,39(10):1537-1546.

[127] DALAL M, MA J, HE D. Lithium-ion battery life prognostic health management system using particle filtering framework[J]. Proceedings of the Institution of Mechanical Engineers Part O-Journal of Risk and Reliability,2011,225(1):81-90.

[128] HU C, JAIN G, TAMIRISA P, et al. Method for estimating capacity and predicting remaining useful life of lithium-ion battery [J]. Applied

Energy,2014,126:182-189.

[129]LI B,PENG K,LI G D. State-of-charge estimation for lithium-ion battery using the Gauss - hermite particle filter technique [J]. Journal of Renewable And Sustainable Energy,2018,10(1):11.

[130]LI X,JIANG J C,WANG L Y,et al. A capacity model based on charging process for state of health estimation of lithium ion batteries[J]. Applied Energy,2016,177:537-543.

[131]MIAO Q, XIE L, CUI H J, et al. Remaining useful life prediction of lithium - ion battery with unscented particle filter technique [J]. Microelectronics Reliability,2013,53(6):805-810.

[132]WANG D,YANG F F,TSUI K L,et al. Remaining useful life prediction of lithium-ion batteries based on spherical cubature particle filter[J]. IEEE Transactions on Instrumentation And Measurement, 2016, 65 (6): 1282-1291.

[133]SIKORSKA J Z,HODKIEWICZ M,MA L. Prognostic modelling options for remaining useful life estimation by industry[J]. Mechanical Systems and Signal Processing,2011,25(5):1803-1836.

[134]LONG B,XIAN W M,JIANG L,et al. An improved autoregressive model by particle swarm optimization for prognostics of lithium-ion batteries[J]. Microelectronics Reliability,2013,53(6):821-831.

[135]LIU D T,LUO Y,LIU J,et al. Lithium-ion battery remaining useful life estimation based on fusion nonlinear degradation AR model and RPF algorithm[J]. Neural Computing & Applications, 2014, 25 (3 - 4): 557-572.

[136]ZHOU Y P, HUANG M H. Lithium - ion batteries remaining useful life prediction based on a mixture of empirical mode decomposition and ARIMA model[J]. Microelectronics Reliability,2016,65:265-273.

[137]HE W, WILLIARD N, CHEN C C, et al. State of charge estimation for electric vehicle batteries using unscented Kalman filtering [J].

Microelectronics Reliability,2013,53(6):840-847.

[138] YAN W Z, ZHANG B, WANG X F, et al. Lebesgue - sampling - based diagnosis and prognosis for lithium-ion batteries[J]. IEEE Transactions on Industrial Electronics,2016,63(3):1804-1812.

[139] HU Y, BARALDI P, DI MAIO F, et al. A particle filtering and kernel smoothing-based approach for new design component prognostics[J]. Reliability Engineering and System Safety,2014,134:19-31.

[140] ZHANG X, MIAO Q, LIU Z W. Remaining useful life prediction of lithium-ion battery using an improved UPF method based on MCMC[J]. Microelectronics Reliability,2017,75:288-295.

[141] SU X H, WANG S, PECHT M, et al. Interacting multiple model particle filter for prognostics of lithium - ion batteries [J]. Microelectronics Reliability,2017,70:59-69.

[142] ZHANG H, MIAO Q, ZHANG X, et al. An improved unscented particle filter approach for lithium-ion battery remaining useful life prediction[J]. Microelectronics Reliability,2018,81:288-298.

[143] YU J S, MO B H, TANG D Y, et al. Remaining Useful life prediction for lithium-ion batteries using a quantum particle swarm optimization-based particle filter[J]. Quality Engineering,2017,29(3):536-546.

[144] MA Y, CHEN Y, ZHOU X W, et al. Remaining useful life prediction of lithium-ion battery based on Gauss-Hermite particle filter[J]. IEEE Transactions on Control Systems Technology,2019,27(4):1788-1795.

[145] THOMAS E V, BLOOM I, CHRISTOPHERSEN J P, et al. Statistical methodology for predicting the life of lithium-ion cells via accelerated degradation testing[J]. Journal of Power Sources,2008,184(1):312-317.

[146] ZHAO Y, LIU P, WANG Z P, et al. Fault and Defect Diagnosis of Battery for Electric Vehicles Based on Big Data Analysis Methods[J]. Applied Energy,2017,207:354-362.

[147] NG S S Y, XING Y J, TSUI K L. A Naive Bayes Model for Robust

Remaining Useful Life Prediction of Lithium-Ion Battery[J]. Applied Energy, 2014, 118:114-123.

[148] HE Y J, SHEN J N, SHEN J F, et al. State of Health Estimation of Lithium-Ion Batteries: A Multiscale Gaussian Process Regression Modeling Approach[J]. AICHE Journal, 2015, 61(5):1589-1600.

[149] LI L L, WANG P C, CHAO K H, et al. Remaining Useful Life Prediction for Lithium-Ion Batteries Based on Gaussian Processes Mixture[J]. Plos One, 2016, 11(9):13.

[150] LIU D T, PANG J Y, ZHOU J B, et al. Prognostics for State of Health Estimation of Lithium-Ion Batteries Based on Combination Gaussian Process Functional Regression[J]. Microelectronics Reliability, 2013, 53(6):832-839.

[151] TANG S J, YU C Q, WANG X, et al. Remaining Useful Life Prediction of Lithium-Ion Batteries Based on the Wiener Process with Measurement Error[J]. Energies, 2014, 7(2):520-547.

[152] WU J, ZHANG C B, CHEN Z H. An Online Method for Lithium-Ion Battery Remaining Useful Life Estimation Using Importance Sampling and Neural Networks[J]. Applied Energy, 2016, 173:134-140.

[153] PATIL M A, TAGADE P, HARIHARAN K S, et al. A Novel Multistage Support Vector Machine Based Approach for Li Ion Battery Remaining Useful Life Estimation[J]. Applied Energy, 2015, 159:285-297.

[154] WANG S, ZHAO L L, SU X H, et al. Prognostics of Lithium-Ion Batteries Based on Battery Performance Analysis and Flexible Support Vector Regression[J]. Energies, 2014, 7(10):6492-6508.

[155] KLASS V, BEHM M, LINDBERGH G. A Support Vector Machine-Based State-of-Health Estimation Method for Lithium-Ion Batteries Under Electric Vehicle Operation[J]. Journal of Power Sources, 2014, 270:262-272.

[156] LI X Y, SHU X, SHEN J W, et al. An on-Board Remaining Useful Life Es-

timation Algorithm for Lithium-Ion Batteries of Electric Vehicles[J]. Energies,2017,10(5):691.

[157]ZHAO Q,QIN X L,ZHAO H B,et al. A Novel Prediction Method Based on the Support Vector Regression for the Remaining Useful Life of Lithium-Ion Batteries[J]. Microelectronics Reliability,2018,85:99-108.

[158]WIDODO A,SHIM M C,CAESARENDRA W,et al. Intelligent Prognostics for Battery Health Monitoring Based on Sample Entropy[J]. Expert Systems with Applications,2011,38(9):11763-11769.

[159]HU C,JAIN G,SCHMIDT C,et al. Online Estimation of Lithium-Ion Battery Capacity Using Sparse Bayesian Learning[J]. Journal of Power Sources,2015,289:105-113.

[160]LIU D T,ZHOU J B,LIAO H T,et al. A Health Indicator Extraction and Optimization Framework for Lithium-Ion Battery Degradation Modeling and Prognostics[J]. IEEE Transactions on Systems, Man, and Cybernetics:Systems,2015,45(6):915-928.

[161]WANG D,MIAO Q,PECHT M. Prognostics of Lithium-Ion Batteries Based on Relevance Vectors and A Conditional Three-Parameter Capacity Degradation Model[J]. Journal of Power Sources,2013,239:253-264.

[162]LIU J,SAXENA A,GOEBEL K,et al. An Adaptive Recurrent Neural Network for Remaining Useful Life Prediction of Lithium-Ion Batteries[C]. Annual Conference of the Prognostics and Health Management Society,PHM 2010,October 13,2010-October 16,2010,2010:Air Force Office of Scientific Research; Asian Office of Aerospace R and D; et al.; Goodrich; IMPACT;Northrop Grumman.

[163]EDDAHECH A,BRIAT O,BERTRAND N,et al. Behavior and State-of-Health Monitoring of Li-Ion Batteries Using Impedance Spectroscopy and Recurrent Neural Networks[J]. International Journal of Electrical Power and EnergySystems,2012,42(1):487-494.

[164]ZHANG Y Z,XIONG R,HE H W,et al. Long Short-Term Memory

Recurrent Neural Network for Remaining Useful Life Prediction of Lithium - Ion Batteries [J]. IEEE Transactions on Vehicular Technology, 2018, 67(7): 5695-5705.

[165] KHUMPROM P, YODO N. A Data-Driven Predictive Prognostic Model for Lithium - Ion Batteries Based on A Deep Learning Algorithm [J]. Energies, 2019, 12(4): 660.

[166] LIU D T, GUO L M, PANG J Y, et al. A Fusion Framework with Nonlinear Degradation Improvement for Remaining Useful Life Estimation of Lithium-Ion Batteries [C]. 2013 Annual Conference of the Prognostics and Health Management Society, PHM 2013, October 14, 2013 - October 17, 2013, 2013: 598-607.

[167] ZHENG X J, FANG H J. An Integrated Unscented Kalman Filter and Relevance Vector Regression Approach for Lithium-Ion Battery Remaining Useful Life and Short - Term Capacity Prediction [J]. Reliability Engineering & System Safety, 2015, 144: 74-82.

[168] SONG Y C, LIU D T, HOU Y D, et al. Satellite Lithium - Ion Battery Remaining Useful Life Estimation with An Iterative Updated RVM Fused with the KF Algorithm [J]. Chinese Journal of Aeronautics, 2018, 31: 31-40.

[169] CHANG Y, FANG H J, ZHANG Y. A new hybrid method for the prediction of the remaining useful life of a lithium - ion battery [J]. Applied Energy, 2017, 206: 1564-1578.

[170] WANG D, TSUI K L. Brownian Motion with Adaptive Drift for Remaining Useful Life Prediction: Revisited [J]. Mechanical Systems And Signal Processing, 2018, 99: 691-701.

[171] DONG G Z, CHEN Z H, WEI J W, et al. Battery Health Prognosis Using Brownian Motion Modeling and Particle Filtering [J]. IEEE Transactions on Industrial Electronics, 2018, 65(11): 8646-8655.

[172] ZHANG L J, MU Z Q, SUN C Y. Remaining Useful Life Prediction for

Lithium-Ion Batteries Based on Exponential Model and Particle Filter [J]. IEEE Access,2018,6:17729-17740.

[173]GUHA A,PATRA A. State of Health Estimation of Lithium-Ion Batteries Using Capacity Fade and Internal Resistance Growth Models[J]. IEEE Transactions on Transportation Electrification,2018,4(1):135-146.

[174]DONG H C,JIN X N,LOU Y B,et al. Lithium-Ion Battery State of Health Monitoring and Remaining Useful Life Prediction Based on Support Vector Regression-Particle Filter[J]. Journal of Power Sources,2014,271:114-123.

[175]SONG Y C,LIU D T,YANG C,et al. Data-Driven Hybrid Remaining Useful Life Estimation Approach for Spacecraft Lithium-Ion Battery[J]. Microelectronics Reliability,2017,75:142-153.

[176]LI F,XU J P. A New Prognostics Method for State of Health Estimation of Lithium-Ion Batteries Based on A Mixture of Gaussian Process Models and Particle Filter[J]. Microelectronics Reliability,2015,55(7):1035-1045.

[177]ZHANG Y Z,XIONG R,HE H W,et al. Validation and Verification of A Hybrid Method for Remaining Useful Life Prediction of Lithium-Ion Batteries[J]. Journal of Cleaner Production,2019,212:240-249.

[178]CHARKHGARD M,FARROKHI M. State-of-Charge Estimation for Lithium-Ion Batteries Using Neural Networks and EKF[J]. IEEE Transactions on Industrial Electronics,2010,57(12):4178-4187.

[179]DAROOGHEH N,BANIAMERIAN A,MESKIN N,et al. A Hybrid Prognosis and Health Monitoring Strategy by Integrating Particle Filters and Neural Networks for Gas Turbine Engines[M]. New York: IEEE,2015.

[180]RAMADESIGAN V,NORTHROP P W C,DE S,et al. Modeling and Simulation of Lithium-Ion Batteries From A Systems Engineering Perspective[J]. Journal of the Electrochemical Society,2012,159(3): R31-R45.

[181]YANG W A,XIAO M H,ZHOU W,et al. A Hybrid Prognostic Approach for Remaining Useful Life Prediction of Lithium-Ion Batteries[J]. Shock and Vibration,2016,1:1-15.

[182]HE W,WILLIARD N,OSTERMAN M,et al. Prognostics of lithium-ion batteries based on Dempster-Shafer theory and the Bayesian Monte Carlo method[J]. Journal Of Power Sources, 2011, 196(23): 10314-10321.

[183]WALKER E,RAYMAN S,WHITE R E. Comparison of A Particle Filter and Other State Estimation Methods for Prognostics of Lithium-Ion Batteries[J]. Journal of Power Sources,2015,287:1-12.

[184]DOWNEY A, LUI Y H, HU C, et al. Physics-Based Prognostics of Lithium-Ion Battery Using Non-Linear Least Squares with Dynamic Bounds[J]. Reliability Engineering & System Safety,2019,182:1-12.

[185]REN L,ZHAO L,HONG S,et al. Remaining Useful Life Prediction for Lithium-Ion Battery: A Deep Learning Approach[J]. IEEE Access, 2018,6:50587-50598.

[186]PENG Y,HOU Y D,SONG Y C,et al. Lithium-Ion Battery Prognostics with Hybrid Gaussian Process Function Regression[J]. Energies,2018,11(6):1420.

[187]CHEN Y,MIAO Q,ZHENG B,et al. Quantitative Analysis of Lithium-Ion Battery Capacity Prediction via Adaptive Bathtub-Shaped Function[J]. Energies,2013,6(6):3082-3096.

[188]刘大同,周建宝,郭力萌,等. 锂离子电池健康评估和寿命预测综述[J]. 仪器仪表学报,2015:1-16.

[189]HASSAN S,KHOSRAVI A,JAAFAR J. Bayesian Model Averaging of Load Demand Forecasts from Neural Network Models[C]. Systems, Man, and Cybernetics (SMC), 2013 IEEE International Conference on, 2013: 3192-3197.

[190]YANG J,FANG G H,CHEN Y N,et al. Climate Change in the Tianshan

and Northern Kunlun Mountains Based on GCM Simulation Ensemble with Bayesian Model Averaging [J]. Journal of Arid Land, 2017, 9 (4): 622-634.

[191] VOSSELER A, WEBER E. Forecasting Seasonal Time Series Data: A Bayesian Model Averaging Approach [J]. Computational Statistics, 2018,33(4):1733-1765.

[192] CULKA M. Uncertainty Analysis Using Bayesian Model Averaging: A Case Study of Input Variables to Energy Models and Inference to Associated Uncertainties of Energy Scenarios [J]. Energy Sustainability and Society, 2016,6:24.

[193] EIDE S S, BREMNES J B, STEINSLAND I. Bayesian Model Averaging for Wind Speed Ensemble Forecasts Using Wind Speed and Direction [J]. Weather and Forecasting, 2017, 32(6):2217-2227.

[194] VOGEL P, KNIPPERTZ P, FINK A H, et al. Skill of Global Raw and Post-processed Ensemble Predictions of Rainfall Over Northern Tropical Africa [J]. Weather and Forecasting, 2018, 33(2):369-388.

[195] RAZA M Q, NADARAJAH M, EKANAYAKE C. Demand Forecast of PV Integrated Bioclimatic Buildings Using Ensemble Framework [J]. Applied Energy, 2017, 208:1626-1638.

[196] RAZA M Q, MITHULANANTHAN N, SUMMERFIELD A. Solar Output Power Forecast Using An Ensemble Framework with Neural Predictors and Bayesian Adaptive Combination [J]. Solar Energy, 2018, 166:226-241.

[197] WANG H W, GAO J, WU H Q. Reliability Analysis on Aero-Engine Using Bayesian Model Averaging [J]. Journal of Aerospace Power, 2014, 29(2): 305-313.

[198] YAN W Z, ZHANG B, ZHAO G Q, et al. Uncertainty Management in Lebesgue - Sampling - Based Diagnosis and Prognosis for Lithium - Ion Battery [J]. IEEE Transactions on Industrial Electronics, 2017, 64 (10): 8158-8166.

[199] GIELEN D, BOSHELL F, SAYGIN D, et al. The role of renewable energy in the global energy transformation [J]. Energy Strategy Reviews, 2019, 24: 38-50.

[200] 国务院关于印发节能与新能源汽车产业发展规划(2012—2020 年)的通知[J]. 中华人民共和国国务院公报, 2012(20): 26-31.

[201] 国务院办公厅关于印发新能源汽车产业发展规划(2021—2035 年)的通知[J]. 中华人民共和国国务院公报, 2020(31): 16-23.

[202] KIM T, SONG W, SON D-Y, et al. Lithium-ion batteries: outlook on present, future, and hybridized technologies [J]. Journal of Materials Chemistry A, 2019, 7(7): 2942-2964.

[203] HANNAN M A, HOQUE MD M, HUSSAIN A, et al. State-of-the-Art and Energy Management System of Lithium-Ion Batteries in Electric Vehicle Applications: Issues and Recommendations [J]. IEEE Access, 2018, 6: 19362-19378.

[204] LI Z, HUANG J, LIAW B Y, et al. On state-of-charge determination for lithium-ion batteries[J]. Journal of Power Sources, 2017, 348: 281-301.

[205] 张照娓, 郭天滋, 高明裕, 等. 电动汽车锂离子电池荷电状态估算方法研究综述[J]. 电子与信息学报, 2021, 43(7): 1803-1815.

[206] HANNAN M A, LIPU M S H, HUSSAIN A, et al. A review of lithium-ion battery state of charge estimation and management system in electric vehicle applications: Challenges and recommendations[J]. Renewable and Sustainable Energy Reviews, 2017, 78: 834-854.

[207] 段瑞林. 磷酸铁锂电池荷电状态估计研究[D]. 成都: 西南交通大学, 2019.

[208] ZINE B, MAROUANI K, BECHERIF M, et al. Estimation of Battery Soc for Hybrid Electric Vehicle using Coulomb Counting Method[J]. International Journal of Emerging Electric Power Systems, 2018, 19(2): 20170181.

[209] LENG F, TAN C M, YAZAMI R, et al. A practical framework of electrical based online state-of-charge estimation of lithium ion batteries [J].

Journal of Power Sources,2014,255:423-430.

[210] CHEN X, LEI H, XIONG R, et al. A novel approach to reconstruct open circuit voltage for state of charge estimation of lithium ion batteries in electric vehicles[J]. Applied Energy,2019,255:113758.

[211] SHEN P, OUYANG M, LU L, et al. The Co-estimation of State of Charge,State of Health,and State of Function for Lithium-Ion Batteries in Electric Vehicles [J]. IEEE Transactions on Vehicular Technology, 2018,67(1):92-103.

[212] LAVIGNE L, SABATIER J, FRANCISCO J M, et al. Lithium-ion Open Circuit Voltage (OCV) curve modelling and its ageing adjustment[J]. Journal of Power Sources,2016,324:694-703.

[213]王少华. 电动汽车动力锂电池模型参数辨识和状态估计方法研究[D]. 长春:吉林大学,2021.

[214] ZHENG L, ZHANG L, ZHU J, et al. Co-estimation of state-of-charge,capacity and resistance for lithium-ion batteries based on a high-fidelity electrochemical model[J]. Applied Energy,2016,180:424-434.

[215]ADI 公司. 电路笔记:电池的电化学阻抗谱(EIS)[J]. 电子产品世界,2020,27(5):32-35.

[216]HU X,LI S,PENG H. A comparative study of equivalent circuit models for Li-ion batteries[J]. Journal of Power Sources,2012,198:359-367.

[217]SHRIVASTAVA P,SOON T K,IDRIS M Y I B,et al. Overview of model-based online state-of-charge estimation using Kalman filter family for lithium-ion batteries[J]. Renewable and Sustainable Energy Reviews, 2019,113:109233.

[218]BACCOUCHE I,JEMMALI S,MANAI B,et al. Improved OCV Model of a Li-Ion NMC Battery for Online SOC Estimation Using the Extended Kalman Filter[J]. Energies,2017,10(6):764.

[219]WANG W,WANG X,XIANG C,et al. Unscented Kalman Filter-Based Battery SOC Estimation and Peak Power Prediction Method for Power Dis-

tribution of Hybrid Electric Vehicles [J]. IEEE Access, 2018, 6: 35957-35965.

[220] HUANG C, WANG Z, ZHAO Z, et al. Robustness Evaluation of Extended and Unscented Kalman Filter for Battery State of Charge Estimation [J]. IEEE Access, 2018, 6: 27617-27628.

[221] 骆秀江,张兵,黄细霞,等. 基于 SVM 的锂电池 SOC 估算[J]. 电源技术,2016,40(2):287-290.

[222] 李嘉波,魏孟,李忠玉,等. 一种改进的支持向量机回归的电池状态估计[J]. 储能科学与技术,2020,9(4):1200-1205.

[223] LI Y, ZOU C, BERECIBAR M, et al. Random forest regression for online capacity estimation of lithium-ion batteries [J]. Applied Energy, 2018, 232: 197-210.

[224] LIU D, LI L, SONG Y, et al. Hybrid state of charge estimation for lithium-ion battery under dynamic operating conditions [J]. International Journal of Electrical Power & Energy Systems, 2019, 110: 48-61.

[225] CHEMALI E, KOLLMEYER P J, PREINDL M, et al. Long Short-Term Memory Networks for Accurate State-of-Charge Estimation of Li-ion Batteries [J]. IEEE Transactions on Industrial Electronics, 2018, 65(8): 6730-6739.

[226] LIU Y, ZHAO G, PENG X. Deep Learning Prognostics for Lithium-Ion Battery Based on Ensembled Long Short-Term Memory Networks [J]. IEEE Access, 2019, 7: 155130-155142.

[227] BIAN C, HE H, YANG S, et al. State-of-charge sequence estimation of lithium-ion battery based on bidirectional long short-term memory encoder-decoder architecture [J]. Journal of Power Sources, 2020, 449: 227558.

[228] BIAN C, HE H, YANG S. Stacked bidirectional long short-term memory networks for state-of-charge estimation of lithium-ion batteries [J]. Energy, 2020, 191: 116538.

[229] YANG F, LI W, LI C, et al. State-of-charge estimation of lithium-ion batteries based on gated recurrent neural network[J]. Energy, 2019, 175: 66-75.

[230] SONG X, YANG F, WANG D, et al. Combined CNN-LSTM Network for State-of-Charge Estimation of Lithium-Ion Batteries[J]. IEEE Access, 2019, 7: 88894-88902.

[231] 郭天滋. 基于 CNN-LSTM 网络的锂动力电池 SOC 估计[D]. 杭州:杭州电子科技大学,2021.

[232] VIDAL C, KOLLMEYER P, CHEMALI E, et al. Li-ion Battery State of Charge Estimation Using Long Short-Term Memory Recurrent Neural Network with Transfer Learning[C]//2019 IEEE Transportation Electrification Conference and Expo (ITEC). Detroit, MI, USA: IEEE, 2019: 1-6.

[233] SHEN S, SADOUGHI M, LI M, et al. Deep convolutional neural networks with ensemble learning and transfer learning for capacity estimation of lithium-ion batteries[J]. Applied Energy, 2020, 260: 114296.

[234] LI C, XIAO F, FAN Y. An Approach to State of Charge Estimation of Lithium-Ion Batteries Based on Recurrent Neural Networks with Gated Recurrent Unit[J]. Energies, 2019, 12(9): 1592.

[235] ALMALAQ A, EDWARDS G. A Review of Deep Learning Methods Applied on Load Forecasting[C]//2017 16th IEEE International Conference on Machine Learning and Applications (ICMLA). Cancun, Mexico: IEEE, 2017: 511-516.

[236] KUO P-H, HUANG C-J. A High Precision Artificial Neural Networks Model for Short-Term Energy Load Forecasting[J]. Energies, 2018, 11(1): 213.

[237] KOPRINSKA I, WU D, WANG Z. Convolutional Neural Networks for Energy Time Series Forecasting[C]//2018 International Joint Conference on Neural Networks (IJCNN). Rio de Janeiro: IEEE, 2018: 1-8.

[238] BHATTACHARJEE A, VERMA A, MISHRA S, et al. Estimating State of Charge for xEV Batteries Using 1D Convolutional Neural Networks and Transfer Learning [J]. IEEE Transactions on Vehicular Technology, 2021, 70(4):3123-3135.

[239] BAI S, KOLTER J Z, KOLTUN V. An Empirical Evaluation of Generic Convolutional and Recurrent Networks for Sequence Modeling [J]. learning, 2018.

[240] LARA-BENÍTEZ P, CARRANZA-GARCÍA M, LUNA-ROMERA J M, et al. Temporal Convolutional Networks Applied to Energy-Related Time Series Forecasting[J]. Applied Sciences, 2020, 10(7):2322.

[241] ZHAO W, GAO Y, JI T, et al. Deep Temporal Convolutional Networks for Short-Term Traffic Flow Forecasting [J]. IEEE Access, 2019, 7: 114496-114507.

[242] LI D, LIN C, GAO W, et al. Capsules TCN Network for Urban Computing and Intelligence in Urban Traffic Prediction[J]. Wireless Communications and Mobile Computing, 2020, 2020:1-15.

[243] 于重重,宁亚倩,秦勇,等. 基于 T-SNE 样本熵和 TCN 的滚动轴承状态退化趋势预测[J]. 仪器仪表学报,2019,40(8):39-46.

[244] ZHOU D, LI Z, ZHU J, et al. State of Health Monitoring and Remaining Useful Life Prediction of Lithium-Ion Batteries Based on Temporal Convolutional Network[J]. IEEE Access, 2020, 8:53307-53320.

[245] 田冬冬. 电动汽车动力锂电池 SOC 估算研究[D]. 青岛大学,2021.

[246] WEHG W H, ZHU X. I-Net: Convolutional Networks for Biomedical Image Segmentation[J]. IEEE Access, 2021, 9:16591-16603.

[247] 殷晓航,王永才,李德英. 基于 U-Net 结构改进的医学影像分割技术综述[J]. 软件学报,2021,32(2):519-550.

[248] ÇIÇEK Ö, ABDULKADIR A, LIENKAMP S S, et al. 3D U-Net: Learning Dense Volumetric Segmentation from Sparse Annotation[J]. Lecture Notes in Computer Science, 2016, 9901:424-432.

[249] OKTAY O, SCHLEMPER J, FOLGOC L L, et al. Attention U - Net: Learning Where to Look for the Pancreas[J]. Computer Vision and Pattern Reagnition, 2018, 3:20.

[250] MORADI S, OGHLI M G, ALIZADEHASL A, et al. MFP - Unet: A novel deep learning based approach for left ventricle segmentation in echocardiography[J]. Physica Medica, 2019, 67:58-69.

[251] 国家标准计划. 电动汽车用电池管理系统技术条件[S], 2016.

[252] VASWANI A, SHAZEER N, PARMAR N, et al. Attention is all you need. ; proceedings of the Procedings of the Advances in Neural Information Processing Systems [C]. Long Beach, California, USA: Curran Associates Inc. :5998-6008.

[253] ZHOU H, ZHANG S, PENG J, et al. Informer: Beyond Efficient Transformer for Long Sequence Time-Series Forecasting[J]. 2021.

[254] SHEN H, ZHOU X, WANG Z, et al. State of charge estimation for lithium-ion battery using Transformer with immersion and invariance adaptive observer [J]. Journal of Energy Storage, 2022, 45:103768.

[255] YANG K, TANG Y, ZHANG S, et al. A deep learning approach to state of charge estimation of lithium - ion batteries based on dual - stage attention mechanism [J]. Energy, 2022, 244:123233.

[256] HANNAN M A, HOW D N T, LIPU M S H, et al. SOC Estimation of Li-ion Batteries With Learning Rate - Optimized Deep Fully Convolutional Network [J]. IEEE Transactions on Power Electronics, 2021, 36(7): 7349-7353.

[257] JAVID G, OULD ABDESLAM D, BASSET M. Adaptive Online State of Charge Estimation of EVs Lithium - Ion Batteries with Deep Recurrent Neural Networks [J]. Energies, 2021, 14(3):758.

[258] HANNAN M A, HOW D N T, MANSOR M B, et al. State - of - Charge Estimation of Li-ion Battery Using Gated Recurrent Unit With One-Cycle Learning Rate Policy [J]. IEEE Transactions on Industry

Applications,2021,57(3):2964-2971.

[259]CHEN J,FENG X,JIANG L,et al. State of charge estimation of lithium-ion battery using denoising autoencoder and gated recurrent unit recurrent neural network [J]. Energy,2021,227:120451.

[260]HANNAN M A,HOW D N T,LIPU M S H,et al. Deep learning approach towards accurate state of charge estimation for lithium-ion batteries using self-supervised transformer model [J]. Sci Rep,2021,11(1):19541.

[261]GANIN Y,USTINOVA E,AJAKAN H,et al. Domain-Adversarial Training of Neural Networks[J]. Journal of Machine Learning Research,2016,17(1):2096-2030.

[262]LI C,XIAO F,FAN Y. An Approach to State of Charge Estimation of Lithium-Ion Batteries Based on Recurrent Neural Networks with Gated Recurrent Unit [J]. Energies,2019,12(9):1-22.

[263]JAVID G,BASSET M,ABDESLAM D O. Adaptive Online Gated Recurrent Unit for Lithium-Ion Battery SOC Estimation; proceedings of the IECON 2020, the 46th Annual Conference of the IEEE Industrial Electronics Society (IES) [C].

[264]HANNAN M A,HOW D N T,LIPU M S H,et al. SOC Estimation of Li-ion Batteries With Learning Rate - Optimized Deep Fully Convolutional Network [J]. IEEE Transactions on Power Electronics, 2021, 36 (7): 7349-7353.

[265]LIU Y,LI J,ZHANG G,et al. State of Charge Estimation of Lithium-Ion Batteries Based on Temporal Convolutional Network and Transfer Learning [J]. IEEE Access,2021,9:34177-34187.

[266]AL-DULAIMI A,ZABIHI S,ASIF A,et al. A multimodal and hybrid deep neural network model for remaining useful life estimation[J]. Computers in Industry,2019,108:186-196.

[267]YANG X, PENG T, YANG L, et al. Adaptive multi-domain sentiment analysis based on knowledge distillation [J]. Journal of Shandong

University Engineering Science,2021,51(3):15-21.

[268] HUANG Y, WEI G, HU Y. DistillBIGRU: text classification model based on knowledge distillation [J]. Journal of Chinese Information Processing,2022,36(4):81-89.

[269] RASHID A, LIOUTAS V, GHADDAR A, et al. Towards zero-shot knowledge distillation for natural language processing [J]. 2021 Conference on empirical Methods in Natural Language Processing (EMNLP 2021),2021:6551-6561.

[270] XU C Y, GAO W J, LI T, et al. Teacher-student collaborative knowledge distillation for image classification[J]. Applied Intelligence,2023,53(2):1997-2009.

[271] CHONG Z, PIN L, K Q A, et al. Multiobjective deep belief networks ensemble for remaining useful life estimation in prognostics[J]. IEEE Transactions on Neural Networks and Learning Systems, 2017, 28(10): 2306-2318.

[272] ZHENG S, RISTOVSKI K, FARAHAT A, et al. Long short-term memory network for remaining useful life estimation[C]. Proceedings of the 2017 IEEE International Conference on Prognostics and Health Management (ICPHM). Piscataway: IEEE,2017:88-95.

[273] WANG J J, WEN G L, YANG S P, et al. Remaining useful life estimation in prognostics using deep bidirectional LSTM neural network [C]. Proceedings of the 2018 Prognostics and System Health Management Conference (PHM-Chongqing). Piscataway: IEEE,2018:1037-1042.

[274] LIAO Y, ZHANG L X, LIU C D, et al. Uncertainty prediction of remaining useful life using long short-term memory network based on bootstrap method [C]. Proceedings of the 2018 IEEE International Conference on Prognostics and Health Management (ICPHM). Piscataway: IEEE,2018:1-8.

[275]XIE Z, DU S, LV J, et al. A hybrid prognostics deep learning model for remaining useful life prediction[J]. Electronics, 2021, 10(1): 39.

[276]FRANKLE J, FRANKLE J. The Lottery Ticket Hypothesis: Finding Sparse, Trainable Neural Networks [J]. International conference on Learning Representations, 2019.